청소년을 위한
케임브리지 과학사 2

물리 이야기

청소년을 위한
케임브리지 과학사 2
물리 이야기

초판 1쇄 발행 2005년 12월 26일
초판 3쇄 발행 2010년 1월 20일

지은이 아서 셧클리프 외 | **옮긴이** 조경철 | **펴낸이** 이영선 | **펴낸곳** 서해문집
이사 강영선 | **주간** 김선정 | **편집장** 김문정
편집 김계옥 임경훈 성연이 최미소 | **디자인** 오성희 당승근 김아영
마케팅 김일신 박성욱 | **관리** 박정래 손미경
출판등록 1989년 3월 16일 (제406-2005-000047호)
주소 경기도 파주시 교하읍 문발리 파주출판도시 498-7 | **전화** (031)955-7470 | **팩스** (031)955-7469
홈페이지 www.booksea.co.kr | **이메일** booksea21@hanmail.net

이 도서의 국립중앙도서관 출판시도서목록(CIP)은 e-CIP 홈페이지
(http://www.nl.go.kr/cip.php)에서 이용하실 수 있습니다.(CIP제어번호: CIP2005002654)

책상위 03

청소년을위한

케임브리지 과학사

물 · 리 · 이 · 야 · 기

2

아서 셧클리프 외 지음
조경철 옮김

서해문집

　지은이 가운데 한 명이 젊은 날 케임브리지에서 과학 교사로 일할 때, 과학과 기술의 역사 속에서 신기한 사건이라든가 뜻밖의 발견에 관한 이야기를 모아 보자고 뜻을 굳혔습니다. 그 같은 이야기를 교육에 이용하면 수업 내용이 풍부해질 것이고, 학생들도 재미있어 하려니 생각했기 때문입니다.

　이리하여 틈만 나면 과학사에 관련된 이야기들을 모으는 즐거움이 시작되어, 그 뒤로 40년 동안이나 이 일이 계속되었습니다. 모아진 이야기들이 여느 사람들에게도 똑같은 즐거움을 주기를 바란 나머지, 자식들의 도움을 받아 출판을 준비했습니다.

　그 같은 정보를 모으기 위해서는 당연히 여러 종류의 다양한 자료를 참고해야 했습니다. 본인이 이용한 저작물의 지은이 여러분에게 진심으로 고마운 뜻을 전해 드리고자 합니다.

　그림도 이 책의 흥미를 크게 보태 주고 있는데, 이는 로버트 헌트 씨

의 노작(勞作)입니다. 헌트 씨는 섬세하고 정확한 예술가로서의 기량을
참으로 능란하고 보기 좋게 결합해 주셨습니다.

이 밖에도 많은 인용문을 번역해 주신 G. H. 프랭클린 씨와 타자로
친 원고를 읽어 주신 L. R. 미들턴 씨, J. 해로드 씨, A. H. 브릭스 박
사, R. D. 헤이 박사, M. 리프먼 양 등 많은 동료와 벗들에게 마음으로
부터 고마움을 표하는 바입니다.

또 R. A. 얀 씨에게는 오랜 세월을 함께한 친근한 동료가 아니고는
도저히 불가능한, 신랄하면서도 건설적인 비평을 받아 특히 참고가 되
었습니다. 인쇄 전 마지막 단계에서는 케임브리지 대학 출판부의 여러
분이 매우 유익한 도움말과 아울러 수정하는 일을 도와 주셨습니다.

링컨에서 아서 섯클리프 & A.P.D.섯클리프

차례

아르키메데스, 과학의 탐정사

공 중 목 욕 탕 에 서 의 발 견

지 금 도 남 아 있 는 ' 유 레 카 '

아르키메데스(Archimedes, 기원전 287년경~기원전 212년)는 기원전 287년경에 지중해의 섬 시라쿠사(Siracusa)에서 태어났다. 시라쿠사는 고대 시칠리아의 가장 중요한 도시로서, 아르키메데스가 태어나기 500년쯤 전부터 그리스 인들이 식민 지배해 오고 있는 곳이었다.

그 무렵 그리스의 재능 있는 젊은이들은 이집트 알렉산드리아에 있는 왕립 학교에서 수학했다. 아르키메데스도 그 곳에서 학문을 닦았다. 왕립 학교는 그 시절에 가장 수준 높은 수학과 물리학을 가르치는 것으로 이름난 곳이었다.

학업을 마치고 귀국한 아르키메데스는 이론적 지식을 실제 문제에 적용하는 면에서 뛰어난 재능을 발휘하였다. 시라쿠사 왕은 아르키메데스의 능력을 인정하여 그에게 많은 도움을 주었다.

왕관을 둘러싼 의문

시라쿠사의 왕인 히에론 2세(Hieron II, ?~기원전 216년)는 용감한 전사며,

신심이 두터운 신앙가이기도 했다. 그는 싸움터에서 승리를 거둘 때마다 그 승리를 기려 여러 신에게 공물을 바치곤 했다. 신전을 하나 세우기도 했고, 또다른 승리를 기려서는 제단을 세우기도 했다.

그렇게 승리를 축하하는 가운데, 왕은 불사(不死)의 신들을 모시는 신전에 엄청나게 값진 황금 왕관을 바치기로 뜻을 세웠다. 왕은 솜씨가 뛰어난 금 세공사로 하여금 이 헌납품을 만들게 했고, 왕실의 회계관은 세공사에게 필요한 무게의 금을 제공했다.

마침내 약속한 날짜가 되자, 금 세공사는 완성된 왕관을 왕에게 바쳤다. 왕은 그것을 받아 이모저모를 면밀히 살펴보았다. 왕관은 어느 한 점 흠잡을 데가 없었고, 왕은 매우 만족스러워했다.

그러나 그 금 세공사가 왕실이 제공한 금의 전부를 쓰지 않았다는 괴상한 소문이 돌기 시작했다. 금 세공사가 일부분을 떼어 가로채고, 대신 은을 섞어서 왕관을 만들었다는 것이었다.

소문은 왕의 귀에도 들어가게 되었다. 금 세공사가 과연 그런 짓을 했는지 조사를 해 보아야 했지만, 그 진위를 가릴 방법이 없어 막막하기만 했다.

왕관의 무게는 금 세공사에게 제공한 금의 무게와 똑같았다. 아무리 왕관을 이리저리 뜯어본들, 속에 은이 섞여 있는지를 꿰뚫어 볼 수는 없었다. 금에 은을 조금 섞어서 녹여도 황금색의 번쩍거림은 조금도 다름이 없으니, 겉보기로는 순금과 구별할 수 없기 때문이었다.

아름답고 훌륭하게 만들어진 왕관 앞에서 히에론 왕은 생각에 잠겼다. 소문이 사실인지 확인하고 싶기는 했지만, 부수어 본다든가 망가뜨리거나 하고 싶지는 않았다.

왕은 궁리 끝에 아르키메데스를 떠올렸다. 아르키메데스를 불러서 금 세공사에 얽혀 있는 혐의를 조사하도록 하였다.

공중 목욕탕에서의 발견

아르키메데스는 왕관 문제를 해결하기 위해 여러 모로 궁리해 보았다. 어떻게 해야 할지 도무지 알 수 없어 헤매기만 했다.

그러던 어느 날, 아르키메데스는 잠시 휴식을 취하기 위해 공중 목욕탕에 갔다. 그러나 머릿속은 여전히 왕관 생각으로 가득했다. 욕조에는 물이 가득 차 있었다. 그러다 그의 몸이 깊이 잠겨 들어감에 따라 물이 욕조 밖으로 조금씩 흘러넘쳤다.

아마도 아르키메데스 이전에도 이런 경험을 한 사람은 수없이 많을 것이다. 물론 아르키메데스 또한 그 때까지 몇 번이고 욕조에서 물이 넘쳐 흐르는 현상을 보아 왔다. 그러나 너무나 당연해 보이는 현상에 아무 주의도 기울이지 않았던 것이다.

다만 이 날의 아르키메데스는 어쩔 수 없이 왕이 내어 놓은 문제를 푸는 데 온 신경이 집중되어 있었다. 그러다가 욕조에서 넘치는 물을 본 순간, 그는 어떻게 하면 문제를 풀 수 있는가를 깨달았다.

욕조 안의
아르키메데스

그는 욕조 밖으로 넘쳐 나간 물의 **부피**는 물 속에 잠긴 자기
몸의 부피와 같다고 추리했다.

부피란?
입자가 차지하는 공간의
크기, 물체의 크기.

　　"그릇에 가득히 물을 채우고 거기에 왕관을 가라앉
히면, 왕관과 같은 부피의 물이 그릇으로부터 밀려 나
오게 될 거야."

　　아르키메데스는 이 새로운 발견으로 몹시 흥분하여 목욕할 생각도
잊은 채 욕탕 밖으로 뛰어나갔다. 그리고는 자신이 알몸인 줄도 모르

16

고 "유레카(Heurka), 유레카!" 하고 외쳐 대며 거리를 달려 집으로 돌아왔다. 유레카란 그리스 어로 '발견했다'는 뜻이다.

그는 이 같은 자신의 새로운 아이디어에 입각해서, 곧 작업에 들어갔다. 금이 모든 금속 가운데서 가장 밀도가 크다는 사실은 누구나 알고 있는 사실이었다. 한 조각의 금은 같은 크기의 은 조각보다도 훨씬 무거운 것이다. 또 정육면체라든가 직육면체와 같은 규칙 바른 모양의 금덩이나 은덩이라면 길이와 너비와 높이를 재어서 이 세 값을 곱하여 그 부피를 정확히 얻을 수 있다는 것도 알고 있었다.

이토록 훌륭한 아이디어를 착안하는 데 앞을 가로막고 있던 어려운 문제가 있었다. 그것은 왕관과 같이 불규칙적인 모양을 가진 물체의 부피를 어떻게 재는가 하는 것이었다. 그에 관해 아르키메데스가 착상한 방법은 매우 간단했다.

먼저 왕관의 무게를 주의 깊게 쟀다. 다음에는 각기 왕관과 똑같은 무게를 가진 순금덩이와 순은덩이를 마련했다. 그러고는 가득히 물을 채운 그릇에 금덩이를 조심스럽게 집어넣어 가라앉혔다. 거기서 넘쳐 나온 물을 받아 내어 그 부피를 쟀다. 그의 추리에 따르면 이 물의 부피는 금덩이의 부피와 같아야 했다.

이어서 이번에는 금덩이 대신에 은덩이로 실험했다. 예상과 같이 이번에 넘쳐나온 물의 부피는 금덩이의 경우보다도 컸다.

다음에는 물을 가득 채운 그릇에 왕관을 가라앉혀서 같은 방법으로 그 부피를 구했다. 왕관의 부피는 금덩이의 부피보다 컸지만, 은덩이

아르키메데스의 원리: 액체나 기체 속에 정지
되어 있는 물체는 그것이 배제된 유체(流體)의
무게와 동등한 부력을 받는다는 법칙. 기원전
220년 무렵에 아르키메데스가 황금 왕관의
순도를 측정한 '부력의 원리' 이다.

의 부피보다는 작았다. ■

이로써 아르키메데스는 왕관이 순금으로 만들어진 것이 아님을 밝혀 낼 수 있었다. 게다가 그는 이 결과에 따라 어느 만큼의 금이 은과 바뀌어 들어갔는가를 계산할 수도 있었다.

결국 금 세공사의 부정은 밝혀지고야 말았다. 그가 어떤 무거운 형벌을 받았는가에 관해서는 기록에 남아 있지 않다. 다만 분명한 사실은 아르키메데스가 어떤 방법으로 그의 부정을 찾아 냈는가를 들은 금 세공사는 아무 변명도 없이 즉석에서 죄를 고백했다는 것이다.

지금도 남아 있는 '유레카'

아르키메데스가 알몸인 채 시라쿠사의 거리를 달리던 그 기쁨은 지금도 '유레카관' 이라는 이름으로 기념되고 있다. 유레카관이란, 실험실에서 쓰이는 주둥이가 달린 그릇이다. 유레카관의 주둥이까지 가득 차게 물을 채우고, 부피를 알아 내고 싶은 물체를 주의깊게 그 속에 가라앉힌다. 그러면 물체와 똑같은 부피의 물이 주둥이를 거쳐 넘쳐 나와 밑에 놓은 계량 실린더 속으로 들어간다. 돌멩이같이 모양이 불규

칙한 고체의 부피를 손쉽게 측정할 수 있으므로, 이 장치는 오늘날에
도 여러 실험실에서 사용되고 있다.

02

아르키메데스,
군사 기술자

고대의 시라쿠사 항은 독자적인 왕과 군대를 가진 매우 번창한 도시였다. 앞장에서 살핀 바와 같이 시칠리아 섬에 자리한 시라쿠사는 로마로부터 멀지 않았다. 따라서 로마의 적, 예컨대 아프리카 북쪽 해안의 대도시인 카르타고(화학편 제2장 참조)를 위해서는 좋은 기지로 이용될 가능성이 있었다.

기원전 214년, 시라쿠사의 왕은 카르타고와 동맹을 맺었다. 그러자 로마는 카르타고가 시라쿠사를 기지로 쓰지 못하게 하려고 가장 뛰어난 장군 마르켈루스(Marcellus, Marcus Claudius, 기원전 268년경~기원전 208년)를 파견하여 시라쿠사를 점령하려고 했다. 시라쿠사의 왕 히에론 2세는 일찍부터 로마의 그 같은 공격을 예상하고 있었다. 왕은 즉시 친구이자 친척인 아르키메데스를 군사 기술자의 최고 책임자로 임명하여, 도시 전체를 요새로 만들 준비를 착착 진행하였다.

(지렛대로 지구를 움직이겠다)

아르키메데스가 이런 요직에 임명된 것은, 그가 역학을 깊이 연구한

사람이기 때문이었다. 그는 이미 지레와 **겹도르래**를 비롯
한 많은 기계를 설계하였다.

　　많은 사람들에게 지레로 얼마나 큰 힘을 낼 수 있
는가를 알리기 위해서, 아르키메데스는 이렇게 말한
일도 있었다.

"나에게 발판이 될 장소와 충분히 긴 지렛대를 주기만 한다면 지구
라도 움직여 보이겠소."

　　왕은 그가 발명한 기계에 관해 듣고 있었으므로, 아르키메데스에게
그런 기계를 사용하여 어떤 일을 할 수 있는지 보이라고 명했다. 아르
키메데스는 이를 증명하는 실험을 위해 겹도르래와 돛대 세 개가 있는
배 한 척을 준비시켰다.

　　그는 우선 겹도르래에 긴 밧줄을 맨 뒤, 그 한 끝을 배에 연결했다.
다음에는 다른 한 끝을 잡고 배에서 멀리 떨어져 갔다. 그러고는 구경
꾼들이 지켜보는 가운데 모래밭에 앉아 밧줄을 천천히 당겼다. 배는
마치 고요한 바다 위를 돛단배가 달리듯이 원활하게 일정한 속도로 아
르키메데스가 앉아 있는 쪽으로 미끄러져 왔다.

　　구경꾼들은 모두 놀라서 눈이 휘둥그래졌다. 그들은 그 때까지 도르
래가 어떻게 이용되는지 본 적이 없었다. 여러 사람이 힘을 합해서 하
지 않고는 이룰 수 없는 일을 단 혼자서 이렇게 손쉽게 해내다니, 마치
마술 같기만 했다.

　　왕은 즉석에서 아르키메데스가 가진 지식의 가치를 깨닫고, 그에게

공격과 방어를 위한 전투용 기계를 만들도록 지시했다. 아르키메데스는 왕의 명령에 따라 작업에 들어갔다. 그러나 그는 전투용 기계 만들기를 그다지 중요한 일로는 여기지 않고, 한갓 '기하학자가 휴일에 즐기는 스포츠 정도'로 대했다고 한다.

로마군을 격퇴하다

시라쿠사는 긴 해안선을 갖는 반도에 자리하고 있었다. 로마의 장군 마르켈루스는 뭍과 바다 양쪽에서 동시에 공격을 개시했다. 그가 아르키메데스의 위대한 수완을 충분히 염두에 두고 있지 않은 것은 불행한 일이 아닐 수 없다. 더욱이 한 사람의 두뇌가 때로는 수많은 사람의 힘을 능가할 수 있다는 것 또한 고려하지 않았다. 그러나 머지않아 이 진리는 현실이 되어 장군 앞에 펼쳐졌다.

시라쿠사의 병사들은 전투 기계의 사용법을 충분히 훈련해 두었다. 그들은 적군을 향해서 큰 돌덩이와 잔 돌멩이를 비롯해 그 밖의 온갖 투사 무기를 던져 댔다. 말 그대로 소낙비처럼 퍼붓는 공격에 적들은 갈팡질팡했다. 적군의 대열은 혼란에 빠졌고, 시체는 산더미처럼 쌓여 갔다.

어떤 기계는 발사할 때 어머어마한 소리를 냈기 때문에 적군에게 심한 공포감을 주었다고 한다. 그래서 훗날에 아르키메데스가 화약을 발견하여 이용했다는 전설도 생겼다. 그러나 이 굉음은 아마도 기계가 큰 돌덩이를 쏠 때 강력한 스프링, 또는 지레의 작동에서 생기는 소리였을 것이다. 아무튼 전투 기계는 매우 효과적으로 기능을 발휘하였고, 적군은 뭍에서의 공격을 중지하지 않을 수 없게 되었다.

한편 바다에서 공격해 들어간 로마군 병사들 또한 뼈아픈 대접을 받았다. 아르키메데스는 길고 무거운 나무 기둥의 양끝을 쇠줄로 매어 위에서 늘어뜨린 기계를 발명해 놓았다. 이 기계는 항구의 암벽으로 된 출입문 가까이에 설치되어 있었다. 적의 선박이 이 곳으로 접근하면, 병사들은 기계 위로 재빠르게 올라가서 늘어뜨려진 기둥을 밀고 당기고 하여 흔들어 댔다. 한껏 크게 흔들렸을 때 재빨리 항구의 출입문을 열면 진동하는 기둥은 적 함선의 허리를 강타해 산산이 부숴 버리곤 했다.

또 하나의 기계는 암벽의 꼭대기에 축을 장치하고 그 위에 긴 막대를 수평으로 얹은 것이었다. 이 기계는 마치 시소와 같은 모양이었다. 막대는 그 절반이 암벽을 넘어 바다 쪽으로 뻗쳐 있었고, 나머지 절반은 시내 쪽을 향하고 있었다. 시내 쪽을 향하고 있는 막대의 끝에는 밧줄이 달려 있고, 바다 쪽으로 뻗친 반대쪽 끝에는 커다란 쇠갈퀴가 달려 있었다.

드디어 기다리던 때가 되자 암벽 안쪽에 대기 중이던 병사들이 수평으로 놓인 막대의 이쪽 끝을 위로 쳐들어 올렸다. 그러자 바다 쪽으로 뻗쳐 나간 반대쪽 끝은 아래쪽으로 내려갔다. 병사들은 수평 막대를 교묘하게 조종하여 쇠갈퀴를 적군의 선박 하나에 걸었다. 그것이 성공하자 재빨리 밧줄을 잡아당겨서 적군의 배를 수면 위로 낚아 올렸다가 어느 한순간에 쇠갈퀴를 놓아 버렸다.

고대의 한 저술가는 그 때의 광경을 다음과 같이 묘사하였다.

배가 해면을 떠나 공중 높이 쳐들어 올려지고, 상하 좌우로 흔들려서 배의 선원이 하나도 남김없이 털려 곤두박질했다. 또 적군들은 투석기에서 쏘아 대는 돌덩이에 맞아 죽기도 했다. 눈앞에서 아주 무서운 광경이 벌어진 것이다. 그렇게 해서 텅 비게 된 배는 암벽에 부딪쳐 부서져 버리거나, 쇠갈퀴에서 떨어져 높다란 공중으로부터 바닷속으로 떨어져 내려갔다.

(삼부카와 로마군의 패퇴)

마르켈루스는 암벽을 넘어 침입을 강행하고자 했다. 그는 '삼부카(sambuca)'라는 기계를 믿고 있었던 것이다. 삼부카란 기다란 사다리 끝에 평평한 받침대를 설치한 기계였다. 작은 배를 여러 척 줄지어 놓고 그 위에 발판을 얹은 다음, 그 위에 다시 삼부카를 설치했다. 그러면 포위된 도시의 암벽까지 바짝 다가설 수 있었다. 여러 면에서 삼부카는 오늘날 소방차에 장치되는 사다리를 닮았다.

암벽에 접근하면, 삼부카는 암벽에 닿을락 말락 하게 곧추세워진다. 이 때 몇몇 병사가 사다리를 타고 꼭대기의 받침대에 올라선다. 받침대에는 상륙용 작은 발판이 있어서, 이것을 밀어 내어 암벽 위에 걸치게 된다. 이렇게 다리가 놓이면, 병사들이 일제히 사다리로 올라가서 그 발판을 통해 도시 안으로 뛰어들면 되는 것이었다.

아르키메데스는 이 같은 삼부카의 기능을 처음부터 속속들이 알고 있었다. 그러므로 삼부카가 장착된 16척의 배가 자신이 만든 거대한 투석기의 사격 거리 안에 들어오기까지 발사를 삼갔다. 이 투석기는 10**탈렌트**에 해당하는 무게(어떤 해석에 따르면 약 0.5t에 해당하는 무게)의 돌덩이를 쏘아 던질 수 있었다.

탈렌트(talent)란? 고대 히브리인 · 그리스인 · 로마인이 사용한 무게 단위. 1탈렌트는 약 25.8kg으로 추산.

마침내 로마군의 삼부카가 충분한 거리까지 다가왔을 때, 병사들이 투석기로 돌덩이를 발사했다. 돌덩이는 어마어마한 굉음과 함께 날아가 삼부카를 지탱하던 발판을 부숴 버리고, 그것을 받치고 있던 배의 허리에도 커다란 구멍을 내었다. 이렇듯 해상으로부터의 공격도 육지에서와 마찬가지로 원활히 진행되지 않았던 것이다.

날이 새기 전에, 마르켈루스는 바다 쪽에서 공격을 재개했다. 이번에는 시라쿠사군이 눈치채기 전에 병력을 암벽의 바로 밑까지 접근시키려 했다. 그러나 아르키메데스는 그 계략까지도 예상하고 있었다. 시라쿠사군은 많은 수의 로마군 병력이 함정에 빠져 암벽 밑으로 침투할 때까지 기다렸다. 쥐 죽은 듯 고요한 가운데, 로마군은 조용하고 재

빠르게 침입하기 시작했다.

　마침내 때는 왔다. 아르키메데스의 신무기는 빗발치듯 돌덩이를 쏘
아 올렸고, 그것이 로마군 병사들의 머리 위로 떨어져 내려 어마어마
한 손해를 입혔다. 로마군은 엄청난 혼란 속에 일제히 퇴각할 수밖에

없었다.

　로마 군사들의 대부분은 자신들이 싸우고 있는 상대는 사람이 아니라 신이라고 생각할 정도였다. 그럴 만도 했다. 그들을 죽게 하고 다치게 했던 돌덩이는 사람의 손으로 던져진 것이 아니었기 때문이었다. 병사들은 아무리 생각해 보아도 도저히 머리 위로 돌덩이가 퍼부어진 것을 이해할 수조차 없었다.

　마르켈루스는 로마군의 용기를 북돋우려고 이렇게 선동하였다.

　"저 기하학자는 바닷가에 태평스럽게 앉은 채로 우리의 배를 뒤집어엎어 버리며 장난질을 했고, 우리에게 영원한 치욕을 안겼다. 또 이렇듯 많은 무기를 한꺼번에 우리에게 퍼부었다는 점에서는 옛날 동화에 나오는 백 개의 손을 가진 거인에 버금 가는 재주를 부렸다. 로마의 병사들이여, 이대로 그자에게 굴복하고 물러날 것인가!"

　그러나 마르켈루스의 노력도 아무런 효과가 없었다. 병사들은 완전히 공포에 사로잡혀서 암벽 너머로 밧줄이나 수평 막대가 나타나기만 해도 "이크, 아르키메데스가 또 신식 기계를 가져왔구나!" 하며 뿔뿔이 달아나기에 바빴다.

태양 광선으로 배를 불사르다

　한편, 12세기의 저술가 트제트제스(John Tzetzes, ?~?)는 이런 기록을

28

남기기도 했다.

아르키메데스가 발명한 또다른 기계가 먼바다에 떠 있던 로마군의 배
에 공격을 가하고 있었다. 이 기계는 수많은 거울을 나무로 된 틀에 장
착한 것이었다.

태양 광선이 거울과 맞부딪히면 반사하여 본래의 방향으로 되돌려
진다는 사실을 생각해 보면, 이 기계의 성능을 쉽게 추측할 수 있을 것
이다. 아르키메데스는 커다란 평면 거울을 한가운데 놓고 둘레에 작은
거울들을 수없이 많이 부착하였다.
커다란 거울은 태양 광선을 포착하여 적군의 목조선 중 하나를 향한
다. 다음에는 조그만 거울들이 하나하나 움직여서, 태양 광선을 한 곳
으로 집중시킨다. 이렇게 모든 거울들이 반사시키는 광선과 열이 한
군데로 집중되었다. 이로써 암벽에서 화살이 미치는 범위인 300m 안
팎에 있는 목조선은 모두 불사를 수 있었다.

적의 계략과 배신자

이와 같은 신기한 전투 기계 모두가 하나같이 발명자의 계획대로 기
능을 잘 발휘해 준 덕분에, 로마군의 시라쿠사에 대한 제1차 공격은 실

패로 돌아갔다.

　마르켈루스는 하는 수 없이 군대를 철수했지만, 싸움을 포기한 것은 아니었다. 그는 이렇게 방어가 철통 같은 도시에는 직접 공격이 먹히지 않는다고 판단했다. 그러고는 둘레를 완전 포위해서 모든 화물의 출입을 통제했다. 그렇게 얼추 3년 동안이나 봉쇄한 끝에, 드디어 또 한 번 이 도시를 공략해 보자고 뜻을 굳히기에 이르렀다.

　그러면서도 마르켈루스는 시라쿠사를 정면으로 공격할 계획은 세우지 않았다. 그는 여전히 아르키메데스의 전투 기계를 겁내고 있었기 때문이다. 그래서 직접 공격 대신 시민 가운데서 반역자를 만들려는 작전 계획을 세웠다.

　마침내 마르켈루스는 소수의 시민을 포섭하여 로마군과 내통하게 하는 데 성공했다. 어느 날 밤, 이들 배반 세력은 은밀히 로마군 병사 서넛을 암벽 안으로 끌어들였다. 시라쿠사 시민들도 시간이 오래 지난 뒤라 감시도 소홀히 하고 있었다. 그 때문에 단기간의 공격 앞에 맥없이 무너지고 말았던 것이다. 기원전 212년, 시라쿠사는 끝내 함락되고 말았다.

　당시의 관례대로 마르켈루스는 승리감에 도취하여 날뛰는 병사들에게 마음대로 약탈해도 좋다는 허가를 내렸다. 그런 가운데서도 핵심적인 시민들의 생명은 구제하도록 엄명을 내려 두었다.

　그럼에도 불구하고, 로마의 병사들은 시라쿠사의 수많은 저명 인사를 살해하고야 말았다. 불행히도 그렇게 죽은 사람들 가운데 아르키메데스도 포함되어 있었다.

아르키메데스의 최후

그의 죽음에 관해서는 전해 오는 몇 가지 설이 있다. 그 하나에 따르면, 아르키메데스는 죽기 전 해안의 모래 위에 기하학의 도형을 그리며 연구에 열중하고 있었다고 한다. 얼마나 열중했는지 로마군이 습격하여 시라쿠사가 함락된 것도 모르고 있었다. 그럴 때 갑자기 눈앞에

아르키메데스의
죽음

로마군 병사가 나타나서 그에게 마르켈루스 앞으로 출두하라고 명했다. 그러나 아르키메데스는 지금 풀고 있는 기하학 문제를 끝내기 전까지는 움직일 수 없다고 버티었다. 그러자 로마군 병사는 버럭 성을 내며 칼을 뽑아 그를 살해했다고 한다.

다른 설에 의하면, 이 로마군 병사는 처음부터 아르키메데스를 살해하려고 칼을 뽑아 들고 그를 습격했다고 한다. 아르키메데스는 자신이 연구 중인 **정리**를 완전히 마무리지을 때까지만 기다려 달라고 했다. 그러나 로마군 병사들은 그의 부탁을 들어주지 않고, 그 자리에서 그를 살해했다고 한다.

정리란?
이미 진리임이 증명된 일반적인 명제.

또 하나의 설에 따르면, 아르키메데스는 해시계와 상한의(象限儀: 四分儀)를 비롯하여 그 밖의 수학에 쓰는 여러 도구를 넣은 상자를 가지고 걸어가고 있었다. 로마군 병사 하나가 그 상자에 돈이 들어 있는 줄로 잘못 알고 그것을 빼앗으려다가 그를 살해했다는 것이다.

상한의

이처럼 아르키메데스의 죽음이 어떤 형태로 다가왔는지는 명확하지 않다. 그러나 아르키메데스의 사망 소식을 들은 마르켈루스가 매우 슬퍼하며 병사들의 무지를 한탄했다는 점에서는 모든 전설이 일치하고 있다.

(불태우는 거울)

여러 증거들로 보아 아르키메데스가 발명했다고 일컬어지는 놀라운 기계 중 몇 가지는 아르키메데스의 시대보다 훨씬 이전부터 사용되어 온 것으로 보인다. 예를 들어 기원전 382년부터 336년까지 살았던 마케도니아의 필리포스 2세(Philippos II, 기원전 382년~기원전 336년: 알렉산드로스 3세 대왕의 부왕)는 그 때 이미 파성퇴(성곽을 파괴하는 커다란 망치.)라든가 무거운 돌덩이를 던지는 캐터팰트(catapult) 따위의 기계를 사용한 바 있었다.

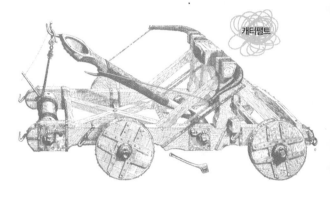

캐터팰트

그러나 아르키메데스의 발명에 관해서는 거의 같은 시대를 산 사람들을 포함한 많은 저술가들이 공통적으로 기록을 남기고 있다. 또한 그 저술들에는 많든 적든 비슷한 상황이 적혀 있다. 따라서 아르키메데스가 여러 가지 기계를 발명한 사실만은 확실하다고 추정된다.

'불태우는 거울'로 불을 붙이는 방법 또한 아르키메데스의 시대보다 훨씬 전부터 알려져 있었다. 예를 들어 시라쿠사에 대한 포위 공격보다 200년 전이나 먼저 저술된 아리스토파네스(Aristophanes, 기원전 450년경~기원전 388년경: 그리스 극작가)의 《구름(Nephelai)》에도 나온다. 이 희극 속의 한 등장 인물은 자신이 지고 있는 빚 이야기를 늘어놓고는, 만약에 납칠판 위에 그것을 적을 수만 있다면 '불태우는 거울'로 한 줄 남김없이 태워서 지워 버리겠다고 말한다. 그 시절에는 납을 바른 칠판을 긁어 글씨를 적었다. 그러므로 불태우는 거울로 납의 표면을 녹여서 씌어진 글자를 지울 수 있었던 것이다.

1727년에 프랑스의 박물학자 뷔퐁(Georges Louis Leclerc de Buffon, 1707년~1788년)은 아르키메데스가 사용했다고 일컬어지는 장치를 복원하기도 했다. 커다란 육각형의 평면 거울 둘레에 168개의 작은 거울들을 돌쩌귀로 장착하고 이것을 양지바른 데 놓았다. 다음에는 거울을 움직여서 모든 반사 광선을 150피트(1피트는 30.48cm.) 떨어진 한 군데로 모았다. 그 곳에는 부싯돌로 불을 붙일 때 쓰는 부싯깃이 덩이로 놓여 있었다. 열을 받은 부싯깃은 불타기 시작했다. 뷔퐁은 실험을 거듭하여, 광선을 140피트 떨어진 곳에 놓인 납덩이를 녹이는 데도 성공하였다.

뷔퐁이 이런 실험을 하기 훨씬 전에 키르허(Athanasius Kircher, 1601년~1680년)라는 철학자가 이와 똑같은 실험을 하고, 시라쿠사를 탐방했다. 그는 항구를 돌아본 뒤, 마르켈루스의 **갤리 선**은 암벽에서 30보 이상은 떨어져 있지 않았을 것이므로, 충분히 거울의

> 갤리(galley) 선이란?
> 고대와 중세에 지중해에서 쓰인 배. 양현에 상하 두 줄로 삿대를 내고, 보통 노예나 죄수들로 하여금 젓게 했다. 전쟁 땐 무장한 병선으로 쓰였다.

34

초점이 도달할 수 있는 범위 안에 있었으리라는 결론을 얻었다. 실제로 플루타르코스(Plutarchos, 46년경~119년 이후: 그리스 작가)는 적의 배 중 몇 척은 시라쿠사 측이 쇠갈퀴를 걸 수 있을 만큼 암벽 가까이 다가왔다고 기록하고 있다. 그렇다면 불태우는 거울 역시 효과를 발휘할 수 있을 만큼 가까운 거리였다 할 것이다.

저명한 수학자 라우스 볼(Rouse Ball)은 뷔퐁이 한 실험에 주석을 달았다. 그는 우선 실험이 4월에 파리에서 실시됐음을 지적하고는 이렇게 결론을 내렸다.

"만약 한여름의 시칠리아에서 서너 개의 거울을 쓰고, 배가 충분히 가까운 거리였다면, 로마군의 봉쇄 함대에게는 심각한 방해가 되었을지도 모른다."

끝으로 지적해 둘 점이 있다. 그것은 뷔퐁의 실험이 밝힌 것은 "만약 이 방법이 사용되었다면 성공했을는지도 모른다."는 가정일 뿐이라는 점이다. 즉, 아르키메데스가 실제로 불태우는 거울을 사용했다는 사실의 증명은 아닌 것이다.

만약에 아르키메데스와 같은 시대에 살았던 저술가라든가, 적어도 그 직후에 태어난 저술가가 이 이야기를 저술했다면 보다 믿을 수 있는 기록이 되었을 것이다. 플루타르코스와 리비우스(Livius, Titus, 기원전 59년~기원후 17년: 로마 역사가), 폴리비오스(Polybios, 기원전 204년~기원전 125년경: 그리스 역사가)도 불태우는 거울에 관해서는 한 마디도 언급하지 않고, 아르키메데스가 발명한 전투 기계만 기술하고 있다.

03

공중에 매장되어

공중에 떠 있는 마호메트의 관

자석의 발견에 얽힌 전설

마호메트 무덤의 진상

자석으로 물체가 뜨는가

배를 가라앉히는 신비의 산

마호메트(Mahomet, 570년경~632년경)는 아랍 인 부모 사이에서 태어나, 양과 낙타를 돌보며 자랐다. 나이가 들수록 소년 마호메트는 더더욱 하느님을 생각하게 되었다.

나이 마흔이 된 무렵의 어느 날, 마호메트는 환영을 보았다. 천사 가브리엘이 그에게 "세계로 나아가서 사람들에게 살아 있는 하느님을 가르치라."고 이르는 꿈을 꾼 것이었다.

마호메트는 그 꿈에 따라 활동을 시작했다. 처음에는 신도가 얼마 되지 않았다. 그러나 그가 죽기 전에는 몇십 만이나 되는 신도들이 생겼다. 그들을 이슬람 교도, 또는 회교도라고 한다. 메소포타미아 지방에 살며 사라센 인이라 불린 아랍 인들 외에, 멀리 인도와 북아프리카에 사는 사람들도 이슬람 교를 믿게 되었다.

마호메트는 하느님이란 오로지 한 분뿐이라고 설교했다. 하느님은 그를 믿는 사람들에게는 자애로운 아버지지만, 믿지 않는 이에게는 잔혹한 폭군이 된다고 설파했다. 그의 신앙은 다음과 같은 한 마디로 요약된다.

"알라(Allah) 외에 하느님은 없고, 마호메트는 그 예언자다."

그러고는 종교를 바꾸도록 명했는데도 한사코 따르지 않는 비신앙자는 모두 가차없이 죽여 버렸다.

공중에 떠 있는 마호메트의 관

이런 유명한 인물을 둘러싸고 숱한 전설이 태어났다. 다음의 전설은 15세기 이탈리아의 저술가가 말한 것으로, 그 뒤 몇백 년 동안이나 널리 믿어져 온 것이다.

"마호메트가 죽은 뒤, 사라센 인들은 그 유해를 페르시아(지금의 이란)의 어느 도시로 운반해 쇠로 된 관에 넣었다. 관은 받쳐 주는 것도 없는데, 공중에 떠 있었다. 사실 그것은 자석의 힘으로 공중에 매달려 있었던 것인데, 자석의 성질을 모르는 사람들은 기적이 일어났다고 믿었다."

자석의 발견에 얽힌 전설

여기서 말하는 자석의 힘이란, 쇠붙이를 끌어당기는 성질이다. 천연 자석은 검은 철의 산화물을 주성분으로 하는 암석인 자철광이다. 자철광은 여러 곳에 천연적으로 존재하며, 때로는 이 암석의 조그만 부분이 지면에 노출되어 눈에 띄곤 한다.

플리니우스(Gaius Plinius Secundus, 23년~79년: 로마의 학자)는 마그네스(Magnes) 라는 이름의 양치기가 자석이 지닌 '자기'라는 성질을 발견했다는 이 야기를 적고 있다.

그 이야기에 따르면, 마그네스는 **소아시아**의 이다 산(Ida Mt.)에 서 양을 몰고 다녔다 한다. 그러던 어느 날, 마그네스는 땅 밖으로 머리를 내밀고 있는 검은 바위를 무심히 밟 았다. 그 때 놀랍게도 그의 신발에 박아 놓은 쇠못과 지 팡이에 붙인 쇠끝이 그 바위에 찰싹 붙어 버린 게 아닌가. 이래서 이 돌은 '마그네스의 돌', 즉 '마그넷(Magnet: 자석)'이라고 불리 게 된 것이다.

소아시아란? 지중해와 흑해 사이에 끼여 있는 서아시아의 반도 지역.

이와 비슷한 이야기는 그 밖에도 여러 가지 있으나 오늘날에는 모두 터무니없이 날조된 거짓말로 보고 있다. 하지만 자석이 지니는 자기의 성질이 그와 같은 우연한 기회에 발견되었다는 사실은 충분히 긍정되 는 일이다.

자석의 발견에 관한 전설 가운데 또다른 하나는 그 발견 장소를 소 아시아의 고대 국가 마그네시아(Magnesia)의 언덕으로 보고 있다. 전설 에 따르면 이 마그네시아라는 말에서 자석을 가리키는 '마그넷'이라 는 이름이 태어났다 한다.

자석을 나침반에 사용하는 법도 퍽 오래 전부터 알려져 왔다. 자석 의 조그만 막대, 즉 '자침'을 공중에 수평으로 매달고 정지시키면 자침 은 어김없이 남북을 가리키게 마련이다. 몇 세기 전의 여행자들은 이러한 성질을 이용하여 방향을 정했다. 영국에서는 자석을 '로드스톤 (loadstone)' 이라고 일컫는데, 이 '로드' 는 '방향' 을 뜻하는 고대 영어에서 비롯된 것이다.

기원전 3000년 무렵의 중국 뱃사람들은 이미 자석의 방향성을 항해에 응용하기도 했다.

마호메트 무덤의 진상

많은 크리스트 교도들은 마호메트의 무덤을 설계한 이슬람 건축가가 납골당의 천장과 마루에 자석을 끼워 넣어 그 힘을 이용하여 관을 끌어올리고 있다고 믿었다. 자석은 참으로 교묘하게 끼워 넣어져 쇠로 된 관이 천장과 마루의 중간에 딱 맞게 매달려 움직이지 않는다는 것이었다. 마호메트가 죽은 뒤 몇 세기 동안이나, 그 믿음은 계속되었다.

크리스트 교도로서는 이 같은 설의 진위를 가리기가 결코 쉬운 일이 아니었다. 이슬람 교도는 그들의 고장을 찾아오는 사람들에게 으레 양자택일을 강요했기 때문이다. 그들은 '비신앙자' 들을 자기네 종교로 개종시키려고 한시도 방심하지 않고 감시의 눈을 번뜩였다.

이슬람 교도에게 잡힌 크리스트 교도는 그들과 같은 이슬람 교도가 되거나, 아니면 죽임을 당하거나 둘 가운데 하나를 택하지 않으면 안 되었다. 그가 신앙을 바꾸겠다고 승낙하면 살아남긴 하지만 이슬람 국

가에 살도록 강요되었고, 고향으로 돌아
가서도 다시 크리스트 교도로 돌아갈 수
없게끔 삼엄하게 감시당했다. 이러니 마
호메트가 묻혀 있는 메디나(Medina)■를
방문했다가 다시 유럽으로 돌아온 크리
스트 교도는 있을 수 없었던 것이다.

> 메디나는 사우디아라비아에 있는 도시로, 이슬람 교
> 의 2대 성지. 아랍어로는 알마디나(al-Madīnah)
> 라고 하는데, '예언자의 도시'라는 말의 준말이다.
> 622년, 마호메트가 메카에서 헤지라(이주)한 뒤부터
> 이슬람의 중심 도시가 되었다.

　그런 가운데도 1513년에 이르러 용케도 탈주에 성공한 이탈리아 사
람이 나타났다. 그는 메디나와 예언자의 무덤에 관해 기록을 남겼다.
그는 마호메트의 관을 보았지만, 그 관은 공중에 떠 있지 않았다고 기
술했다.

　훨씬 훗날에, 영국의 한 청년이 해적에게 잡혀 노예가 된 끝에 이슬
람 교도가 되도록 강요당한 일이 있었다. 오랜 감금 생활 끝에 도망친
영국인도 메디나 견문기를 남겼다.

일부 사람들은 마호메트의 관이 자석의 인력으로 모스크(이슬람 사원)의
천장에 매달리듯 허공에 떠 있다고 믿고 있다. 그러나 내 말을 믿어 주
기 바란다. 그것은 거짓말이다. 내가 주석으로 된 출입문을 통해 보았
을 때, 무덤을 덮고 있는 커튼의 꼭대기가 눈에 띄었다. 이들 커튼은
마루에서 천장까지 사이의 중간쯤 높이에도 미치지 못하고 있었으며,
커튼과 천장 사이의 공간에는 아무것도 매달려 있지 않았다.

1737년이 되어서도 여전히 대다수의 사람들은 이 이야기를 믿고 있었다. 그 해에 어느 박식한 저술가는 "이슬람 교도들은 크리스트 교도가 이 로맨틱한 전설을 명확한 사실인 줄 믿으며 화제로 삼는다고 들으면 아마 배꼽을 움켜쥐고 웃을 것이다."라고 말하였다.

오늘날에 이르러서는, 마호메트의 무덤에 관하여 아무런 의문도 남아 있지 않다. 다음 설명이 진실을 말하는 것이라고 일반적으로 받아들여지고 있기 때문이다.

마호메트는 죽기 조금 전에, "예언자는 모름지기 그가 죽은 그 자리에 묻혀야 한다."는 의견을 표명했다. 이 유언은 그대로 실행되었다. 무덤은 마호메트의 부인인 아에샤의 집 안, 그가 숨을 거둔 그 침상 아래에 만들어졌다. 훗날, 넓은 사원을 짓고 무덤을 그 안에 모셨다.

무덤은 호화로운 울타리로 완전히 둘러싸여서, 약 6인치 사방의 조그만 창을 통해서가 아니고는 안을 들여다볼 수 없었다. 울타리는 쇠 난간을 두른데다가 초록 빛깔을 칠하고 금실·은실의 세공 장식과 주석에 도금을 한 철사를 짜 넣고 있다. 신성한 꾸밈새로 된 이 울타리 위에는 도금한 구체와 초승달 모양을 얹어 놓은 높다란 돔이 솟아 있다. 메디나를 찾아드는 순례자들은 이 돔이 처음 눈에 띄면 깊숙이 몸을 굽히고 적절한 기도문을 외우며 예언자의 무덤에 절하는 것이다.

(자석으로 물체가 뜨는가)

자석을 사용하여 물체를 공중에 띄운다는 아이디어는 오랜 옛날부터 있어 왔다. 실제로 고대 이집트의 어느 왕은 신하인 건축가로 하여금 죽은 자매의 전신상을 쇠로 만들게 해서 이것을 자석을 씌운 납골당 천장에 매달도록 명하였다는 기록이 있다. 그러나 그 왕도 건축가도 이 시도가 성공하기 전에 죽었으므로 기록은 그것으로 그쳤다.

또다른 이야기로는 이런 것이 있다.

쇠를 재질로 하여 훌륭한 태양 조각이 만들어졌다. 다음에는 사원의 천장에 자석이 장착되어, 그 힘으로 태양 조각은 아무런 받침도 없는 것처럼 허공에 매달렸다. 그러나 그 속임수를 꿰뚫어본 어느 사람이 자석을 천장에서 떼어 내자, 쇳덩이는 순식간에 떨어져 내려 산산조각이 났다.

이런 이유로 자석을 사용하면 쇠를 공중에 띄울 수 있다고 믿는 사람들이 기원전부터 있어 왔던 것이다.

17세기 초엽에 이르러, 어떻게 하면 자석을 이용해 물체를 띄울 수 있을까를 검토한 두 저술가가 나왔다. 그 가운데 한 사람은 아래와 같이 적고 있다.

어떤 물체든 그것이 직접 자석에 접하거나, 또는 그것과 자석 사이의 어떤 다른 물질에 접하거나 하는 방법이 아닌 한 자석의 힘만으로 공중에 뜰 수는 없다. 예를 들어 반들반들한 테이블 위에 쇠바늘을 서넛 놓고, 그 위에 은 또는 **은랍**이나 널판지를 덮는다. 널판지 위에 자석을 얹어 놓아 보라. 그런 다음, 널판지를 테이블에서 조금 위로 들어올리면, 쇠바늘은 공중에 뜰 테지만 그 바늘 끝은 널판지의 밑면에 접해 있게 마련이다.

은랍이란?
은과 놋쇠, 또는 카드뮴이나 주석을 넣어 만든 합금.

무거운 무게를 지탱하려면 수많은 자석이 있어야 하는데, 그렇게 많은 자석을 구비하여도 그들의 힘은 서로가 뒤죽박죽이 되어 사라져 버릴 것이다. 그것은 마치 몇 마리의 말이 저마다 제멋대로의 방향으로 짐을 끌 경우와 같다. 서로가 혼란 속에 힘을 쏟다 보면, 마침내 모두 힘이 빠져 지쳐 버리고, 짐은 짐대로 그 자리에서 조금도 움직이지 않는 결과와 같은 것이다.

이 문제를 검토한 또 하나의 인물은 카베우스(Cabeus) 신부였다. 그는 실험적 방법으로 문제를 풀기 위해 매우 섬세한 실험을 시도하였다. 이 실험에 대한 기록이 남아 있다.

카베우스 신부는 두 개의 자석을 네 손가락 너비 정도로 떼어 위아래로 나란히 놓았다. 그런 다음 두 손가락으로 바늘의 한가운데를 집어

두 자석 사이에
떠 있는 바늘

서, 그것을 살짝 두 자석 사이에 넣되 바늘이 양쪽 자석으로부터 똑같
은 힘으로 끌어당겨짐으로써 아무런 지탱이 없이도 공중에 뜰 수 있는
위치를 찾아 내려고 했다.

이것을 몇 번이고 되풀이하여 시도한 끝에, 마침내 카베우스 신부는
바늘을 이상적인 공간에 놓는 데 성공했다.

바늘은 두 개의 자석 중간에서 아무것과도 닿지 않고 공중에 계속 떠
있었다. 이 놀라운 광경은 네 편의 긴 시구를 되풀이해 암송할 수 있을

공중에 매장되어

45

만큼 오랜 시간 계속되었다. 그러나 그가 친구를 부르려고 일어섰을 때, 공기의 운동으로 그 마력은 깨어지고 말았다.

카베우스 신부 자신은 바늘을 공중에 뜨게 하는 데 성공했다고 적고 있다. 그러나 비록 이 말을 믿는다 할지라도, 보다 강력한 자석을 사용하면 무겁고 커다란 쇠 관도 허공에 띄울 수 있다고 생각할 수는 없다. 무게가 가벼운 바늘을 끌어당기고 그것을 떠받칠 수 있을 만한 자석을 구하기는 쉬워도, 몇백 킬로그램이나 되는 관을 지탱할 수 있는 강력한 자석을 찾아 내기란 거의 불가능하지 않은가.

과학의 역사를 통해 알려져 있는 가장 강력한 천연 자석은 중국의 어느 황제가 포르투갈의 주앙 1세(Joao I, 1357년~1433년)에게 선물한 것이다. 이 자석은 300파운드(1파운드는 0.453kg.)의 무게를 지탱할 수 있었다고 한다. 이렇게 강력한 자석은 지극히 희귀한 것인데, 쇠로 된 무거운 관을 지탱하자면 이런 자석을 상당수 수집해야만 했으니 더욱 아리송해진다.

관에는 중력이 작용하기 때문에, 자석을 정확히 배치하기도 매우 어려울 것이다. 관이 수평으로 움직임 없이 정지하려면 관에 작용하는 모든 힘이 균형과 조화를 이루어야 한다.

한 마디로 정리해서, 제아무리 뛰어난 건축가라 해도 위의 모든 조건을 충족하게끔 자석을 박아 넣은 돔과 바닥을 가진 건축물을 설계하기란 불가능하다고 할 수 있다.

그렇다면 마호메트에 관해 기록한 유명한 저술가가 한 다음의 말이 가장 진실에 가까울 것이다.

"관은 납골당의 바닥에 쌓아 놓은 아홉 개의 벽돌 위에 있었고, 그 측면에는 흙이 덮여졌다. 그것이 관을 공중으로 떠받치고 있는 높이 다. 공중에 떠 있는 것처럼 보이는 것은 관 밑에 놓은 벽돌 아홉 개 때 문일 것이다."

배를 가라앉히는 신비의 산

자석이 쇠붙이를 끌어당기는 힘과 관련한 전설적 이야기는 마호메 트의 무덤에 얽힌 비밀 외에도 상당수 있다.

강한 자력을 지닌 검은 바위가 바닷속에 박혀 있어서 그 근처를 지 나가는 배에서 쇠못을 모조리 뽑아 가 배를 산산이 분해시킨다는 이야 기는 몇백 년 동안이나 이어져 왔 다. 그 전형적인 것으로 《아라비안 나이트》▪의 작가가 지은 이야기가 있다.

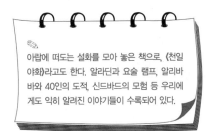

아랍에 떠도는 설화를 모아 놓은 책으로, 《천일 야화》라고도 한다. 알라딘과 요술 램프, 알리바 바와 40인의 도적, 신드바드의 모험 등 우리에 게도 익히 알려진 이야기들이 수록되어 있다.

국왕인 나는 바다 여행을 즐기며 살았다. 10척의 배를 이끌고 항해를 떠나 20일 가량 항해했을 때 강한 바람이 불어 왔다. 그 결과, 우리는 선장도 모르는 낯선 바다로 들어섰다. 바다 한가운데를 보니 때로는 검고, 때로는 희고 뿌옇게 떠오르는 무엇인가가 보였다. 선장은 그 보고를 듣자마자 터번을 갑판에 내던지고 턱수염을 움켜 쥐며 뱃사람들에게 소리쳤다.

"잘 듣거라! 우리에게 파멸이 닥쳐오고 있다. 우리는 누구 하나도 재난을 벗어날 수 없을 것이다. 오오, 신이시여! 우리가 항로를 벗어난 사실을 굽어 살피소서. 내일 우리는 자석이라고 불리는 검은 바위산에 다다를 것이다.

바야흐로 조류는 거칠고 사납게 우리를 그 쪽으로 이끌어 가고 있다. 배는 산산조각으로 부서지고, 빠져 나간 못은 하나도 남김없이 산으로 날아가서 찰싹 붙어 버릴 것이다. 신은 자석에게 온갖 쇠붙이를 끌어당기는 신비스런 성질을 주셨기 때문이다.

그 산에는 하느님밖에는 모르는 어마어마한 분량의 쇠붙이가 끌어모아져 있다. 아득히 먼 옛날부터 무수히 많은 배들이 저 산의 힘으로 파괴되어 왔기 때문이다."

그리고 이튿날 아침, 우리는 드디어 자석 산에 접근했다. 조류는 사납게 우리 배를 그 쪽으로 밀어붙였다. 배가 거의 산에 부딪히려한 순간, 배에서는 모든 못이 빠져나가 부서졌고, 쇠붙이로 된 모든 것이 배를 떠나 자석을 향해 날아가 버렸다.

배가 조각 조각으로 분해되었을 때는 이미 해질녘이었다. 우리 중 몇 명만 살아남았을 뿐, 나머지 사람들은 물에서 허우적대다가 거의 익사하고 말았다.

이 밖에도 몇몇 아랍 인 저술가가 또다른 '자석 산' 이야기를 적고 있다. 어떤 저술가에 따르면, 그것은 인도양 연안에 자리하고 있다고 한다. 항해하던 배가 그 산에 다가가면, 쇠붙이란 쇠붙이는 모두 새처럼 날아 산에 찰싹 붙었다고 한다. 그 때문에 이 일대를 항해하는 배를 만들 때는 쇠붙이를 일체 쓰지 않는 관례가 생겨났다는 것이다.

이 밖에도 여러 저술가들은 인도양·지중해를 비롯하여 그린란드 등 먼 곳에 있는 바다에도 검은 산이 있다고 말한다. 검은 산에 관한 전설은 16세기가 되어서도 계속 등장한다.

04

자침의 엉뚱한 현상

전 류 의   자 기   작 용 의   발 견

나침반의 바늘에 얽힌 참으로 엉뚱한 사건 두 가지가 과학의 역사에 기록되어 있다. 그 하나는 1492년의 바다 위에서 콜럼버스가 인도를 향해 항해할 때, 또 하나는 1819년의 어느 대학 강의실에서 교수가 학생들에게 강의할 때 일어났다.

항해가 콜럼버스와 나침반

콜럼버스(Christopher Columbus, 1451년~1506년)는 그 시절의 모든 뱃사람들이 그러했듯이, 바다 위에서 뭍이 보이지 않을 때는 천체와 나침반에 의지해서 항로를 정했다. 그는 북극성이 밤마다 거의 같은 위치에 자리하고 있다는 사실을 알고 그것을 길잡이로 삼았다. 또 나침반의 자침은 거의 남북을 가리키지만 정확히 북극성 쪽을 향하지는 않는다는 사실도 알고 있었다.

콜럼버스는 1492년 8월 3일 금요일에 출항하였다. 그는 우선 카나리아 제도를 향해 전진했다. 그 바다는 콜럼버스보다 먼저 몇 명의 선장이 항해한 적 있는 항로였다.

카나리아 제도에 3주일 간 머문 그는 9월 6일에 다시 출항하여 서쪽으로 진로를 잡았다. 드디어 아무도 항해해 본 이 없는 드넓은 대양으로 진입한 것이다. 그 뒤에 벌어진 어떤 사건에 대한 기록이 전해지고 있다.

사흘 뒤, 육지는 시야에서 사라졌다. 육지의 마지막 끝이 보이지 않게 되자, 선원들의 마음이 우울해졌다. 그들은 글자 그대로 이 세상에 이별을 고한 것 같은 심정이 되었다. 그들의 등 뒤에는 젊은이의 마음에 애정이 끌리는 온갖것, 즉 국가와 가족, 친구, 생명 그 자체 등이 있었다. 그러나 지금 그들 앞에 있는 것은 혼돈, 신비, 위험뿐이었다. 이 순간 마음의 동요가 일어나, 이제 두 번 다시는 가족들과 만날 수 없게 된 것은 아닌가 하고 절망감에 사로잡혔다. 그 거친 바다 사나이들의 대부분이 눈물을 흘렸고, 그 가운데는 크게 소리내어 울음을 터뜨리는 녀석들도 있었다.

콜럼버스 제독은 어떻게 해서든지 그들의 고민을 풀어 주고, 자신의 찬란한 꿈을 불어넣어 주려고 애썼다. 그래서 선원들에게 이제부터 탐험하게 될 미지의 나라에 대해 이모저모를 이야기해 주었다. 황금과 보석으로 가득 찬 인도양의 여러 섬들, 비길 데 없이 부유하고 호화로운 도시를 가지고 있는 망기(Mangi: 남중국) 또는 카타이(Cathay: 북중국) 지방의 이야기는 흥미를 불러일으켰다.

이야기를 마친 뒤, 콜럼버스는 선원들의 탐욕을 불러일으키고 그들의

상상력을 부추길 수 있는 토지와 부와 그 밖의 여러 가지 것들을 약속
했다. 그러나 이런 약속들은 그저 선원들을 속이기 위한 거짓말이 아
니었다. 제독 또한 그 모두를 실현할 수 있으리라 확신했던 것이다.

　이윽고 카나리아 제도를 떠나서 약 일 주일이 지난 뒤, 콜럼버스는
나침반의 바늘이 예상한 방향을 가리키고 있지 않다는 사실을 깨달았
다. 이튿날 아침이 되자, 자침은 평소의 방향에서 더욱 벗어났다. 콜럼
버스는 몹시 놀랐고 곤혹스러웠다. 그 후 3일 동안 자침은 정상적인 방
향에서 더욱 이탈하였다. 이쯤 되자 그는 매우 난처해지지 않을 수 없

자침의 여우통한 현상

었다.

그러나 콜럼버스는 그런 사실을 어느 누구에게도 말하지 않았다. 선원들의 사기가 얼마나 떨어져 있는가를 알고 있었으므로, 그들을 그 이상 놀라게 하고 싶지 않았기 때문이다. 그러면서도 이 비밀을 언제까지나 숨길 수 없다는 사실도 뻔히 알고 있었다. 조타수 중의 누군가가 머지않아 자침의 이상을 눈치챌 것이 틀림없었다.

아니나 다를까, 얼마 뒤 조타수 하나가 나침반의 이상을 알게 되었다. 선원들은 순식간에 공포감으로 휩싸였다. 단 하나 의지하고 있던 나침반마저 힘을 잃었다고 생각하자 절망이 몰려왔다. 어디 하나 기댈 곳 없는 대양의 한복판에서 길 잃은 고아 신세가 된 것이었다.

평상시에는 그처럼 의지가 되어 주던 나침반이 아무런 힘이 되지 못한다면, 이제 막 발을 들여놓았을 뿐인 이 새로운 세계에서 무엇을 믿을 수 있을까. 그리고 나침반 외에 모든 것들도 잘못되어 버리는 것이 아닐까 하는 두려움까지 몰려와 저절로 몸이 떨렸다.

그러나 콜럼버스는 이 때 이미 나침반에 죄가 없음을 깨닫고 있었다. 그리고 선원들에게 들려줄 이야기를 마련해 놓고 있었다. 콜럼버스는 동요하는 선원들을 모아 놓고 자침은 변함없이 그 힘을 보유하고 있다고 이야기했다.

진북(眞北)이란?
지구의 북쪽,
북극성의 방향

"다만 북극성이 바늘의 위치를 바꾸는 것이다. 북극성은 **진북**인 북극의 방향에 있지 않고, 그 둘레를 둥글게 원을 그리

54

며 돌고 있다."

콜럼버스의 이야기는 효과가 있었다. 그는 전부터 천문학자로서 크게 명성을 얻고 있었으므로, 선원들은 그의 설명을 믿었다. 이리하여 선원들은 자신감을 되찾고, 공포감도 떨쳐 버릴 수 있었다.

에스파냐의 사학자 오비에도(Oviedo)가 쓴 이 사건의 또다른 기록은 선원들의 행동을 보다 상세히 전해 주고 있다.

그들은 자침의 이상을 보고 몹시 두려워하고 화를 냈다. 심지어는 콜럼버스를 배 밖으로 내던져 버리려고까지 했다. 그런가 하면 자신들을 이런 엉터리 같은 제독의 지휘에 내맡긴 에스파냐의 페르난도 5세 (Fernando V, 1452년~1516년)와 이사벨 1세(Isabel I, 1451년~1504년)의 행동을 몹시 원망했다. 이렇게 그들은 반항하며, 몇 번이고 에스파냐로 되돌아가자고 외쳐 대곤 했다.

이야기라는 것은 되풀이해서 입에 올려지다 보면, 본래의 형태와는 전혀 딴판의 것이 되어 버리기 일쑤다. 그러므로 이 사건이 처음 인쇄된 때의 기록으로 돌아가서 살펴보는 것도 재미있을 것이다. 그것은 콜럼버스의 아들인 페르디난도가 기록한 것으로, 아버지가 적은 1492년의 일기를 바탕으로 한 글이었다.

9월 13일의 저녁 나절에 그(콜럼버스)는 자침이 북동쪽으로 반 눈금만큼 벗어나고, 새벽녘에는 다시 반 눈금만큼 벗어난 사실을 발견했다. 이 사실로 그는 자침이 북극성의 방향을 가리키지 않고, 눈으로 보이지 않는 그 밖의 어떤 고정된 방향을 향한다는 걸 알아챘다. 이와 같은 변동은 예전에 그 어느 누구도 관찰한 일이 없었으므로, 그가 이 사실에 놀란 것도 무리는 아니었다.

그로부터 3일 뒤, 배가 다시 100리그(league; 약 3마일)쯤 나아간 지점에서 그는 더욱 놀라야 했다. 밤의 자침은 북동쪽으로 얼추 한 눈금이나 벗어나 있었는데, 아침이 되자 정확히 북극성을 가리키고 있었기 때문이다.

이 사건에 관한 몇몇 기록은 콜럼버스가 숙련된 항해자로서 명성이 높았기 때문에 부하들의 신용을 얻고 있었다고 되어 있다. 그러나 콜럼버스에 관한 권위 있는 저술가 크리크턴 밀러(A. Crichton Miller)에 따르면, 콜럼버스가 청년 시절 항해술에 크게 숙달되어 있었다는 사실을 증명할 만한 정보가 존재하지 않는다고 한다. 밀러는 "콜럼버스는 지자기(地磁氣)에 관해서 그 시절의 보통 조타수 이상으로는 아는 바가 없었다."고 생각했다.

밀러는 덧붙여 "만약에 나의 생각이 맞다면, 콜럼버스는 대서양을 횡단하는 도중에 나침반의 이상에 대해서 현명한 해석을 내릴 수 있는 처지가 아니었다."고 결론을 내렸다.

이와 비슷한 수많은 이야기들을 통해 많은 사람들은 콜럼버스가 자침의 변동을 발견했다고 믿었다. 또한 많은 저술가들의 기록이 그 확신을 더욱 확대해 갔을 것이다.

그럼에도 불구하고 이미 인용한 저술자에 의하면 자침이 동쪽으로 치우친 것은 콜럼버스의 첫 출항 이전에 북서유럽에서 이미 관찰된 바라는 사실은 거의 확실하다고 한다.

비록 그렇다고 하더라도, 동서 방향으로의 긴 항해 중에 자침이 변동하는 사실을 거의 정확하게 기록한 것은 콜럼버스가 최초였다고 해도 틀림없을 것이다.

전류의 자기 작용의 발견

자침의 엉뚱한 짓에 관계된 두 번째의 놀라운 사건 이야기는 볼타 (Alessandro Volta, 1745년~1827년)가 전류를 얻는 방법을 발견한(제13장 참조) 7년 뒤에 시작된다.

영국의 과학자 험프리 데이비(Humphry Davy, 1778년~1829년)는 전류를 사용해서 나트륨이라고 불리는 새로운 금속을 유리(遊離: 분리)하는 데 성공했다. 그의 발견은 1807년에 이루어졌는데, 이를 계기로 과학자들은 전류가 여러 물질에 미치는 화학 작용의 연구에 몰두했다. 그래서 한동안은 전류가 지닌 그 밖의 성질에 관해서는 거의 주의하는 법이 없었다.

그러던 중 1819년에 우연한 행운의 사건으로 전류가 지닌 역학적인 성질이 발견되었다. 그것은 과학과 산업에 이루 헤아릴 수 없는 크나큰 가치를 갖는 것이었다. 그 우연한 사건이란 이런 것이었다.

어느 날, 코펜하겐의 물리학 교수인 외르스데드(Hans Chirstian Oersted, 1777년~1851년)는 정전기와 **갈바니즘** 및 자기에 관해서 강의하며 '볼타 전지' 의 양극을 긴 철사로 연결한 것을 사용하고 있다.

갈바니즘(galvanism) 이란?
갈바니 전류, 화학 전지와
화학 변화에 따라 생기는 전류.
갈바니에서 유래.

외르스데드는 강의 중에 무심히 "자, 그러면 전지가 작용하고 있는 곳에 철사를 자침에 평행으로 놓아 보기로 하자."며 철사를 자침 위에 평행으로 걸쳐 놓고 전류 스위치를 넣었다. 그러자 자침이 휙 돌더니, 철사와 직각의 방향을 향하지 않는가. 외르스데드는 깜짝 놀라서, 이 뜻밖의 현상을 보다 구체적으로 연구해 보기로 하였다.

외르스데드는 친구와 더불어 실험을 시작했다. 실험을 되풀이하고 또 실험의 내용을 확대했다. 교실에서의 첫 실험은 약한 장치를 사용한 것이었으므로, 이번에는 훨씬 강한 전지를 썼다. 그리고 그 과정을 다음과 같이 기록하였다.

우리가 사용한 '갈바니의 장치' 는 20개의 구리 통으로 되어 있었다. 통의 높이는 12인치였으나, 너비는 2.5인치를 조금 넘을 정도였다. 모든 통에는 2개의 구리판을 구부려서 구리 막대를 끼우고, 그 구리 막대는 통에 담가 놓은 아연판을 지탱하도록 했다. 각 통의 물은 무게의 60

외르스데드의 실험 앞에 보이는 것은 직렬로 연결된 전지

분의 1인 황산과 그와 같은 분량의 질산을 포함하고 있었다. 아연판의 물 속에 잠긴 부분은 각 변의 길이가 약 10인치인 정방형이었다. 갈바 니 전지의 양끝은 철사로 이어졌다.

그림에 이 볼타 전지 20개 통의 일부가 보인다. 이것으로 당시의 과

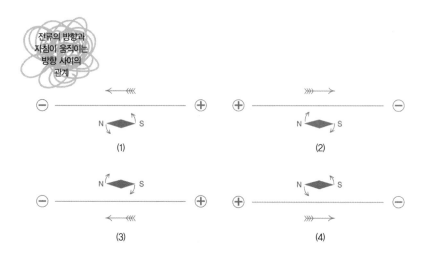

전류의 방향과
자침이 움직이는
방향 사이의
관계

(1)

(2)

(3)

(4)

학자가 전류를 얻는 데 어떤 복잡한 장치를 써야 했던가를 알 수 있다.

위 그림은 그의 실험에서 얻은 결과를 나타낸다. (1)에서 전류가 화살표 방향으로 흐르고 있을 때, 철사를 자침 위에 놓으면 자침은 조그만 화살표로 표시한 방향으로 돌아 철사와 직각의 방향으로 향했다. 그러나 (2)와 같이 전류의 방향을 거꾸로 하면 자침은 반대 방향으로 향했다.

다음에 외르스데드가 철사를 자침 밑에 놓자, 자침은 (3)과 (4)를 가리키는 쪽으로 돌아서 철사와 직각의 방향으로 향했다. 이 경우도 자침의 방향은 전류의 방향이 바뀌면 반대가 되는데, 한편으로는 철사를 자침 위에 놓은 (1)과 (2)의 경우와도 각기 반대가 된다.

외르스데드의 발견이 책으로 발표되자, 과학계에 반향을 불러일으켰다. 그것은 곧 여러 나라에서 번역되어 과학 잡지에 게재되었다. 그의 실험은 여러 곳에서 되풀이되었다. 뿐만 아니라 그에 자극되어 수많은 연구 논문이 발표되었다.

얼마 뒤에는 여러 과학자들이 속속 새로운 발견을 이룩했다. 결국 전류가 쇠붙이 내부에서 자기를 유도한다는 사실이 밝혀졌다.

그에 이어 '전자석'이 발명되었다. 이것은 쇳조각의 둘레에 절연된 긴 철사를 감은 것이다. 철사의 양끝을 볼타 전지의 극에 잇고 전류를 흘려보내자 쇠가 강한 자력을 띠게 되었다.

다음에는 철사를 흐르는 전류가 자기장을 이루는 현상과 반대의 현상도 일어난다는 사실이 발견되었다. 즉, 움직이는 자석은 코일 속에 전류를 유도한다는 것이다.

패러데이(Michael Faraday, 1791년~1867년)는 외르스데드의 발견이 "그 때까지 캄캄했던 과학의 한 분야에 문을 열어 빛의 홍수로 가득 채웠다."고 말했는데, 과연 그대로였다. 최종적으로 자석, 모터, 발전기의 발견을 가져온 것은 강의 도중에 무심코 학생들 앞에서 시도한 실험의 결과였던 것이다.

갈릴레이와 피사의 사탑

중 력 의   개 념 과   작 용

피 사 의   사 탑 과   낙 하   실 험

진 짜   실 험 자 는   스 테 빈

갈릴레이(Galilei, Galileo, 1564년~1642년)의 사탑 이야기와 그 뒤에 이어지는 두 사건을 충분히 이해하기 위해서는 올바른 배경 지식이 있어야 한다. 갈릴레이의 사건들은 모두 과학의 역사에서 매우 중요한 시대에 일어났기 때문이다.

15세기 무렵까지는 소수를 제외한 대부분의 학자들이 고대 저술가들이 가르친 바를 아무런 의심 없이 받아들이고 있었다. 그런데 15, 16세기가 되자 갖가지 중요한 발견이 잇달아 있었고, 다양한 변화가 함께 일어났다. 아메리카 대륙 등 새로운 육지도 발견되었고, 종교 개혁은 종교계와 사회에 큰 파문을 던졌다. 인쇄술도 발명되었다. 호기심으로 자연계를 살펴보던 소수의 학자들은 몇 번이고 놀라운 성과를 거두곤 하였다.

신화가 과학을 구축하다

1500년 무렵, 코페르니쿠스(Nicolaus Copernicus, 1473년~1543년)라는 폴란드의 철학자가 새로운 주장을 펼쳐 지식인들을 깜짝 놀라게 하였다.

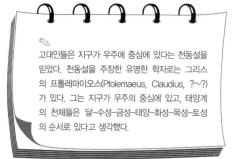

고대인들은 지구가 우주에 중심에 있다는 천동설을 믿었다. 천동설을 주장한 유명한 학자로는 그리스의 프톨레마이오스(Ptolemaeus, Claudius, ?~?)가 있다. 그는 지구가 우주의 중심에 있고, 태양계의 천체들은 달-수성-금성-태양-화성-목성-토성의 순서로 있다고 생각했다.

태양이 우주의 중심이며, 지구는 그 둘레를 돌고 있다는 주장이었다. 이 견해는 고대의 학자들이 가르치는 바와는 정반대였다.■ 그렇기 때문에 일반인들에게 긍정적으로 받아들여지지 못했다. 대개의 대학이나 학교는 여전히 고대의 학자, 특히 기원전 350년 무렵에 살았던 아리스토텔레스가 이룩한 전통 과학을 가르쳐 오고 있었던 것이다.

갈릴레이는 1564년에 태어났다. 처음에는 의학을 공부했으나, 대학에 들어가서는 의학 공부 대신 수학을 연구하기도 했다. 이 분야에서 그는 두드러진 독창성을 보였다. 그의 수학 연구법은 아리스토텔레스 등 고대 학자의 저서를 그저 읽고 논할 뿐인 관례적인 연구법과는 전혀 다른 것이었다.

갈릴레이는 실험을 하지 않고는 자신의 호기심을 만족시킬 수가 없었다. 그 이전에도 소수의 학자들이 실험적 방법으로 과학을 연구하였으나, 그 시절의 학자들로부터 심한 비난을 받아야 했다. 갈릴레이 역시 다른 학자들의 비난을 모면할 수 없었다는 사실을 다음의 이야기가 보여 준다.

중력의 개념과 작용

1590년, 갈릴레이는 당시 25세의 젊은이였다. 이탈리아 토스카나에 있는 피사 대학의 수학 교수인 갈릴레이는 물체가 높은 곳에서 떨어져 내리는 속도에 관하여 공개적인 실험을 하기로 했다.

여기서 먼저 '중력'이라는 말을 설명하고자 한다.

두말할 것도 없이, 이 세상의 모든 물체는 끌거나 밀기 전에는 움직이지 않는다. 그렇게 물체를 끌고 밀고 하는 것을 '힘'이라고 한다. 대개의 힘은 그것이 작용하는 메커니즘을 실제로 볼 수 있다. 기중기가 밧줄을 끌어서 벽돌 더미를 들어 옮기는 광경이 한 예다. 기관차가 화물칸 여러 개를 줄지어 끄는 광경도 볼 수 있다. 이 경우는 각각의 화물칸이 쇠로 된 연결 고리로 앞의 화물칸과 이어져 있기 때문에, 기관차의 힘이 뒤에 이어진 화물칸으로 차례차례 전해져 일제히 움직이게 되는 것이다.

그런 반면, 밧줄이나 쇠사슬 같은 고정된 연결이 없는데도 확실히 작용하는 힘이 있다. 예컨대 자석은 그 두 물체를 직접 연결하는 고체가 없어도 쇳조각을 끌어당긴다. 쇠붙이는 '자력'이라는 힘에 의해 끌어당겨지는 것인데, 이 힘은 눈에 보이지 않는다. 이와 같이 연결 고리가 없어도 작용하는 또 하나의 힘은 지구가 물체를 지면 쪽으로 끌어당기는 힘이다. 이 힘이 바로 중력이다(제10장 참조).

중력에 관한 지식은, 전쟁에서 대포가 사용되면서(화학편 제4장 참조) 매우 중요하게 다루어졌다. 포탄이 공중을 어떻게 나는가 하는 문제를 연구해야 했기 때문이다. 학자들은 날아가는 포탄에는 두 가지 힘이 작용한다는 사실을 알고 있었다. 하나는 화약의 폭발이 내는 힘이다. 이 힘은 포탄을 하늘 높이 쏘아 올린다. 또 하나는 중력으로서, 포탄을 지구 쪽으로 끌어당겨 지면으로 되돌리는 힘이다.

피사의 사탑과 낙하 실험

물체가 어떠한 모양으로 낙하하는가 하는 문제는 여러 세기 전부터 연구되어 왔다. 아리스토텔레스는 물체를 높은 데서 떨어뜨리면 무거운 것이 가벼운 것보다 훨씬 빨리 떨어진다고 주장했다. 또한 그 속도는 무게에 비례하여 100배 무거운 물체가 100배나 빨리 떨어질 것이라고 말했다.

갈릴레이는 이 말에 의문을 품었다. 그래서 실제로 높은 데서 무거운 물체와 가벼운 물체를 떨어뜨려 봄으로써 그 주장이 과연 옳은가를 시험하기로 했다. 갈릴레이는 실험에 알맞는 장소로 피사(Pisa)를 찾아냈다. 피사에는 유명한 사탑이 있었기 때문이다.

'피사의 사탑'이라 불리는 건축물은 피사 대사원의 종루(鐘樓)로 12세기에 착공된 것이었다. 7개의 층과 종각으로 구성되어 있으며, 그 높

이는 약 180피트(약 55m)나 되었다. 탑은 아슬아슬하게도 심하게 기울
어 있었다. 꼭대기에서 땅으로 수직선을 그리면, 탑과 14피트나 벗어
나 있었다.

피사의 사탑은 원래 똑바로 지을 작정이었다. 그러나 기초를 다지고
나무 말뚝을 박은 곳이 늪지대였던 것이다. 그 때문에 탑이 약 30피트
높이까지 세워진 시점에서 한쪽으로 기울기 시작한 것으로 추정되고
있다.

점점 기울기 시작했지만, 탑은 지금의 높이까지 지어져서 완성되었
다. 덕분에 사탑의 7층 발코니에 서면 100피트 아래에 있는 지면을 바

로 발 밑으로 굽어볼 수 있게 되었다.

전해지는 이야기에 따르면 1590년의 어느 날, 갈릴레이는 사탑의 긴 나선 계단을 올라 7층으로 갔다. 그의 손에는 쇠로 된 두 개의 공이 들려 있었다. 그 때 들고 올라간 쇠공 중 하나는 무게가 10파운드며, 또 하나는 고작 1파운드였다는 기록이 전해진다. 또다른 저술가는 한 쪽의 무게가 다른 쪽의 10배였다고만 적고 있다.

여하튼 그런 두 개의 쇠공을 가지고 간 갈릴레이는 발코니에서 몸을 내밀고 아래를 내려다보았다. 이 공개 실험을 구경하려는 군중들이 구름같이 모여 있었다. 그 가운데는 피사 대학의 교수, 철학자, 학생들도 있었다.

구경꾼들은 모두가 하나같이 갈릴레이의 생각이 몇백 년 동안이나 가지고 있던 신앙에 위배된다는 점을 알고 있었다. 한 기록에 따르면 "이 돼먹지 못한 애송이가 선배들의 신앙을 반박하고자 천천히 탑을 올라갈 때, 수많은 구경꾼들은 그의 불손한 행동을 못마땅히 여기며 투덜거리고 있었다."고 한다.

갈릴레이는 그에 아랑곳없이 발코니의 난간 위에 두 개의 쇠공을 얹어 놓았다. 그는 조심스럽게 균형을 이루게끔 두 개를 딱 붙여 놓은 다음, 순간적으로 동시에 쇠공을 굴려 떨어뜨렸다.

군중은 두 개의 쇠공이 나란히 떨어져내리는 모습을 눈으로 보았고, 쇠공 두 개가 동시에 지면을 때리는 단 하나의 소리를 들었다.

사람들은 놀랐다. 옛부터 신앙처럼 믿어 온 대로, 무거운 물체는 가벼운 물체보다 훨씬 빨리 떨어져 내릴 것이며, 따라서 무거운 공부터 차례로 땅에 부딪히는 두 번의 소리가 날 것이라 예상했기 때문이었다.

갈릴레이의 낙하 실험에 관해서는 여러 가지 이야기가 전해 온다. 그 중에는 매우 상세히 서술한 기록도 눈에 띈다. 그러나 그 모두를 일일이 따져 볼 필요는 없다. 다만 맨 처음의 기록을 한번 고찰해 보는 것은 재미있을 법하다.

가장 첫 번째 기록은 1654년에 씌어졌다.

갈릴레이는 높다란 종루 위에서 교수, 철학자, 학생들이 지켜보는 가운데 실험을 되풀이했다. 그리고 비교적 무거운 물체가 낙하할 때는 무게에 상관없이 모두 동등한 속도로 움직인다는 사실을 증명해 보였다. 그 실험 결과는 많은 철학자들을 당황케 하였다.

진짜 실험자는 스테빈

갈릴레이와 사탑의 이야기는 통속적인 과학사에서 가장 널리 알려져 있는 이야기 중의 하나다. 그러나 여러 이유로 보아, 꾸며 낸 이야기에 지나지 않는다고 해석된다.

실제로 그런 일이 있었다고 일컬어지는 시기의 기록들을 살펴보아도 이런 증명 실험에 관해서는 전혀 기록이 나와 있지 않다. 더욱이 갈릴레이 자신조차 그 숱한 저서 가운데서 이실험에 대해서는 단 한 마디도 언급이 없는 것이다.

만약에 이것이 실제로 있었던 일이라면 그야말로 뭇사람들의 눈길을 끌고도 남을 만한 사건이었을 것이다. 그러므로 그 시절을 살던 단 한 사람만이라도 이에 대해 언급을 했어야 마땅한 일이다.

갈릴레이의 낙하 실험에 관한 최초 기록은 비비아니(Vincenzo Viviani, 1662년~1703년)가 지은 갈릴레이의 전기에서 찾아볼 수 있다. 그런데 이 책은 실험이 있었다는 그 해로부터 자그마치 64년이나 뒤에 출판된 것이다.

과학의 역사에서 어떤 숭배자가 자신의 영웅을 존경하는 나머지 실제로는 다른 사람이 해낸 중요한 일을 그 영웅이 한 것인 양 꾸며 낸 일이 비일비재하다. 따라서 갈릴레이를 존경했던 비비아니의 경우 또한 그러했을 것이다. 왜냐하면 갈릴레이보다도 훨씬 전에 "물체는 무게에 비례하는 속도로 낙하한다."는 아리스토텔레스의 학설에 비판과 공격을 가한 학자에 관한 이야기가 똑똑히 확인되기 때문이다. 더욱이 갈릴레이가 시도했다는 실험과 거의 유사한 실험을 1590년 이전에 네덜란드의 시몬 스테빈(Simon Stevin, 1548년~1620년)이라는 사람이 실시했다는 사실도 분명하다.

스테빈은 뛰어난 군사 기술자로, 네덜란드 육군의 경리총감이었다. 그는 수학적 재능으로도 이름나, 유럽에 십진법을 도입한 것도 그의 공적이었다.

스테빈은 친구인 데그로트의 도움을 받아서 낙하 실험을 했다. 우선 두 개의 납덩이를 마련했다. 그것은 한쪽이 다른 쪽의 10배 무거운 것이었다. 지면에는 두꺼운 널빤지를 깔아서 청각적으로도 판단에 도움을 받고자 했다. 그러고는 이 두 개의 납덩이를 2층집에서 동시에 지면을 향해 떨어뜨렸다.

그 때까지 아리스토텔레스를 비롯한 여러 학자들은 10배 가벼운 물체가 지면에 낙하하는 데는 무거운 물체보다 10배의 시간이 걸린다고 가르쳐 왔다. 그렇지만 실험 결과는 그렇지 않았다. 두 개의 납덩이는 지면에 깐 두꺼운 널빤지에 동시에 부딪혔으므로, 두 개가 내는 소리는 똑같은 하나의 소리로 들렸다.

이 실험이 실시된 것은 1587년이었는데, 갈릴레이가 그런 사실을 알고 있었다는 증거는 없다. 따라서 비비아니가 스테빈의 실험에 관해 듣고, 훗날 그것을 갈릴레이의 공적으로 옮겨 전하기로 마음먹은 듯하다. 어쩌면 갈릴레이가 피사의 사탑 같은 이상적인 무대 장치 가까이에 살고 있었다는 사실이 비비아니로 하여금 기록을 꾸미도록 강하게 부추겼는지도 모른다.

따지고 보면, 이 실험의 착상부터 갈릴레이가 최초는 아니었던 것 같다. 또 만약에 그가 실제로 이 실험을 했다면, 반드시 그의 저서를 통해 실험의 결과를 가르쳤을 것임에 틀림없다. 그런데 그의 저서 속에는 단지 서너 줄로 언급이 되어 있을 뿐이다.

두 개의 구체를
떨어뜨리는 실험을
하고 있는 스테빈

나는 분명히 말할 수 있다. 무게 100파운드나 200파운드의 대포 포탄과 소총의 탄환을 200**쿠비트**의 높이에서 동시에 떨어뜨릴 경우, 포탄이 총탄보다 1**스판**도 먼저 땅에 떨어지는 법은 없을 것이다.

쿠비트(cubit)란?
길이 단위. 로마 시대에는 17.4인치, 영국에서는 18인치.
스판(span)이란?
엄지손가락과 새끼손가락을 벌린 사이의 길이.

어쩌면 비비아니는 이 글을 읽고 갈릴레이가 실제로 사탑에서 두 개의 쇠공을 떨어뜨려 본 것으로 믿게 된 것인지도 모른다. 사탑의 높이가 대략 200쿠비트이기 때문이다.

망 원 경 의   발 명 에   얽 힌   이 야 기

06 갈 릴 레 이 도   직 접   만 들 어   보 다

망원경과 진자

망 원 경 을   우 주 로   돌 려 서

다 시   현 미 경 의   발 명 으 로

포 센 티 의   램 프 와   단 진 자

추 시 계 를   연 구 하 기 도

한스 리퍼세이(Hans Lippershey: 1570년~1619년)
는 네덜란드의 미델뷔르흐(Middelburg)에 사는 안경 제조사였다. 어느 날,
그의 아들 하나가 작업장에서 안경을 두 개 가지고 놀다가 우연히 한
렌즈를 조금 떼어 놓고 두 렌즈를 통해 앞을 보았다. 놀랍게도 교회당
의 탑 꼭대기에 달려 있는 새 모양의 풍향계가 거꾸로, 그것도 보통 때
보다 훨씬 크고 가까이 보이는 게 아닌가. 아이는 놀라서 크게 소리쳐
아버지를 불렀다.

아들의 말대로 두 렌즈를 통해 밖을 내다본 아버지도 놀라서, 간단
한 실험을 해 보기로 하였다. 먼저 렌즈 하나를 널빤지에 붙여 놓고,
또 하나의 렌즈를 그 바로 뒤에 들고 서서 풍향계를 향해 일직선이 되
도록 했다. 다음에는 두 렌즈를 통해 내다보면서, 둘째의 렌즈를 앞뒤
로 움직여 풍향계가 가장 또렷이 보이는 위치를 찾았다.

(망원경의 발명에 얽힌 이야기)

망원경의 발명에 관해서는 전해 오는 이야기가 구구하게 많다. 리퍼

세이의 이야기도 그 가운데 하나에 지나지 않는다.

이와 매우 닮은 이야기로 제임스 메티우스(James Metius)라는 사람을 주인공으로 한 것이 있다. 이 사람도 네덜란드 사람인데, 심심풀이로 렌즈를 가지고 놀다가 문득 볼록 렌즈 하나와 오목 렌즈 하나를 가지고 동시에 투시해 보자는 생각이 들었다.

먼저 볼록 렌즈를 앞에 놓고 오목 렌즈를 뒤에 놓은 다음, 두 렌즈를 통해 멀리 있는 물체를 내다보았다. 놀랍게도 그 물체는 실제보다도 훨씬 크고 똑똑히 보였다. 이 경우에는 거꾸로가 아닌 바로 선 모습이었다.

또다른 이야기에서는 얀센(Jansen)이라는 이름을 가진 또 한 명의 네덜란드 사람이 우연히 망원경을 발견한 것으로 되어 있다. 이 이야기에 따르면 1609년에 이미 얀센은 그 밖의 두 네덜란드 인보다도 한 걸음 앞서가 있었다. 얀센은 두 개의 렌즈를 통하나에 장착하여, 편히 손에 들고 눈앞에 대었다 떼었다 할 수 있게 만들었다. 그러고는 이 새로운 도구를 자랑하려고, 오랑주 공(Orange 公) 겸 **나사우** 백작인 모리스에게로 달려갔다.

나사우(Nassau)란? 독일의 역사적인 지역이자 수세기 동안 대대로 이 지역의 통치자들을 배출해 낸 왕족의 이름.

모리스는 연합주(오늘날의 네덜란드)의 지배자로서, 때마침 프랑스와 전쟁을 벌이고 있었다. 그는 탁월한 장군이어서 한눈으로 이 새로운 도구가 군사 작전에 크게 쓸모가 있을 것으로 알아보았다. 따라서 얀센에게 그 발명을 비밀로 하라고 명했다.

그러나 그와 같은 비밀이 오래도록 숨겨져 있을 수 없기 마련이다. 뒤이어 몇몇 사람이 망원경을 만들어 팔기 시작했다. 전하는 바에 따르면 앞에 소개한 리퍼세이도 그 가운데 하나라고 한다.

그 무렵 이들 망원경의 배율은 15 내지 16배 정도였다.

갈릴레이도 직접 만들어 보다

베네치아에 사는 유명한 이탈리아의 과학자 갈릴레이도 망원경에 관한 소식을 들어 알고 있었다.

갈릴레이는 직접 이런 글을 남겼다.

열 달쯤 전에 어느 네덜란드 사람이 망원경을 만들었다는 소식을 들었다. 그것을 사용하면 관측자의 위치에서 아무리 멀리 떨어져 있는 물체라도 바로 눈앞에 있는 것처럼 또렷이 보인다고 한다. 그와 같은 훌륭한 성능에 대해 믿는 사람도 있고 부정하는 사람도 있었다.

며칠 뒤, 나는 프랑스의 귀족 자크 바드베르(Jacques Badovere)가 파리에서 부친 편지를 받았다. 그 편지에도 역시 망원경에 관해 적혀 있었다. 그래서 마침내 망원경의 원리를 탐구하고, 망원경을 발명할 수 있는 수단을 고찰하는 데 몰두하리라 결심했다.

굴절을 깊이 연구함으로써 나는 얼마 뒤 망원경의 원리를 확인할 수

있었다. 나는 먼저 망원경의 몸체가 되는 통을 만들고, 그 양 끝에 두 개의 렌즈를 끼웠다. 렌즈는 모두 한쪽 면이 평면이었으나, 다른 면은 하나는 볼록한 구면이고, 또 하나의 렌즈는 오목한 구면이었다.

다음에 눈을 렌즈에 갖다 대었더니, 물체는 만족스러울 만큼 크고 가깝게 보였다. 그 까닭은 자연 상태의 눈으로 볼 때와 견주어서 거리는 3분의 1이 되고, 물체의 크기는 9배로 보였기 때문이다.

그 직후에 나는 또 하나의 망원경을 만들었다. 새로 만든 망원경은 이전 것보다 정교한 것으로서 물체를 약 60배 이상으로 확대할 수 있었다.

마침내 나는 노동력과 비용을 아낌없이 투자하여 내 손으로 지극히 우수한 도구를 만드는 데 성공했다.

이것을 통해 보면, 물체가 자연의 시력만으로 볼 경우에 비해 1,000배 정도 확대되고, 30배 이상으로 가까이 보였다.

갈릴레이의 망원경

다른 책에서 갈릴레이는 이 이야기를 계속하고

있다.

내가 망원경을 발명했다는 소식이 베네치아에 자자했다. 결국 나는 총독과 따님 앞에서 망원경의 성능을 보여 드리게 되었다. 자리를 같이한 원로원의 의원들 모두가 매우 놀라워했다.

수많은 귀족들은 모두 나이나 지위를 잊고, 베네치아에서 가장 높은 교회의 탑 층계를 올라와서 내가 만든 망원경을 구경했다. 그들은 흰 돛에 바람을 가득 받고 항구에 들어오는 배와 아주 먼 바다에 나가 있는 배까지 똑똑히 볼 수 있었다.

훗날 갈릴레이는 새로 만든 망원경 하나를 베네치아의 총독부와 원로원에 바쳤다. 그 결과 이 같은 고귀한 오락에 대한 보상으로, 공화국은 1609년 8월 25일, 파도바 대학교 교수로서 갈릴레이의 봉급을 세 배 이상으로 올려 주었다고 전해진다.

망원경을 우주로 돌려서

그로부터 한 달 가량, 갈릴레이는 그의 신기한 통을 구경시켜 달라고 아침부터 밤까지 성가시게 졸라 대는 군중들에 둘러싸였다.

그러나 갈릴레이는 땅 위의 물체를 바라보고, 또 사람들도 즐겁게

손수 만든
망원경으로
달을 관찰하는
갈릴레이

하는 데 만족하지 않았다. 갈릴레이는 망원경을 하늘로 돌려 달을 관
찰하기 시작했다. 아직 아무도 보지 못한 달 표면의 언덕과 골짜기를
보았을 때, 그는 크나큰 감동에 사로잡혔다.

이윽고 그는 많은 별들을 발견하게 되었다. 또 은하수가 무수히 많은 별들로 이루어져 있다는 사실을 밝혀 냈다. 그런 가운데에서도 최고라고 여겨지는 것은 목성의 둘레를 돌고 있는 위성을 발견한 것이다. 이것은 그야말로 가슴이 울렁거리는 획기적인 발견이었다.

갈릴레이는 코페르니쿠스의 이론이 맞다는 것을 그 이전보다 한층 더 굳게 확신했다. 코페르니쿠스는 사람들이 아득한 옛날부터 생각해 오듯이 태양이 하늘을 가로질러 움직이는 것이 아니라, 태양은 정지해 있으며 대신 지구가 그 둘레를 돌고 있다고 주장한 천문학자다.

갈릴레이는 목성의 위성이 목성의 둘레를 돌고 있다는 '눈의 증언'을 얻은 이상, 우리의 달도 지구 둘레를 돌고 있다고 다시 한 번 확신했다. 나아가 지구가 태양의 둘레를 돌고 있다는 코페르니쿠스의 이론을 진실이라 믿게 되었다.

갈릴레이는 다음과 같은 말을 기록해 두었다.

아마도 망원경의 도움으로 보다 훌륭하고 놀라운 발견이 여느 관찰자에 의해 실현될 것이다. 그러므로 나는 우선 망원경의 형태와 만드는 법, 그리고 고안된 동기 등을 간략히 기록하고, 그 다음에 내가 실시한 관찰을 설명하기로 하자.

그리고 그의 예측은 전적으로 옳았다.

제6장에서는 리퍼세이와 메티우스 및 얀센이라는 세 네덜란드 인이

망원경의 발명자로 거론되었다. 세 사람 가운데서 누가 진짜 발명했는지는 확실치 않지만, 망원경이 1608년 무렵 네덜란드에서 처음으로 만들어졌다는 사실만은 의심할 여지가 없다.

그럼에도 불구하고 네덜란드 사람들은 망원경을 가지고 지구 위의 물체밖에는 바라보지 않았다. 따라서 천체를 연구한다는 과학적인 목적을 위하여 처음으로 망원경을 사용한 영예는 단연코 갈릴레이에게 주어져야 마땅한 것이다.

다시 현미경의 발명으로

갈릴레이는 망원경과 같은 광학 기구를 달리 이용할 수 있다는 점을 깨닫게 되었다. 그리하여 그의 연구는 현미경도 발명할 수 있는 단계에 이르렀다. 이미 망원경을 통하여 가까이에 있는 조그만 물체를 들여다본 일이 있기 때문이었다.

갈릴레이는 망원경으로 파리를 보았을 때의 체험을 이렇게 적어 놓았다.

파리를 보았더니 양만 한 크기로 보였다. 게다가 온몸이 털로 덮여 있었고, 몹시 날카롭고 뾰족한 발톱이 있다는 사실을 알게 되었다. 파리는 발톱 끝을 유리 표면의 아주 미세한 구멍에 끼워 놓음으로써 유리

흔들리는 램프를
보고 있는
갈릴레이

에 붙어서 거꾸로 걸어다니기도 하였다.

  파리가 유리 위에서 어떻게 걸어다니는가에 관한 결론은 완전히 잘 못된 것이다. 물론 그 외에 관찰 기록도 결코 완전한 것이 아니었다. 한 마디로 망원경은 가까이에 있는 물체를 확대하는 데 알맞은 도구가 아니었다. 그 까닭은 그것이 주는 시야가 좁기 때문이다.

여하튼 망원경은 작은 것을 관찰하는 목적으로는 오래 쓰이지 않았다. 현미경 그 자체가 망원경에 뒤이어 발명되었기 때문이다.

영국의 사학자 매콜리(Thomas Babington Macaulay, 1800년~1859년)에 따르면, 현미경의 발명 직후에 현미경으로 파리를 비롯한 그 밖의 물체를 들여다보는 실험이 영국의 상류 계층 사이에서 크게 유행했다고 한다.

포센티의 램프와 단진자

갈릴레이에 관한 또 하나의 유명한 이야기로는 '진자의 등시성' 발견을 들 수 있다.

갈릴레이가 19세의 학생이었던 1583년의 어느 날, 그는 피사의 교회당에서 기도를 드리며 앉아 있었다. 따분함을 느끼던 중에 교회당 천장에 매달려 있는 명장 포센티(Possenti)가 디자인한 아름다운 램프에 시선이 갔다.

램프는 마침 불을 켜고 난 직후여서 앞뒤로 흔들리고 있었다. 처음에는 그 흔들림, 즉 '진동' 폭이 상당히 컸지만, 시간이 경과하면서 점점 작아지다가 끝내 램프는 멈추었다. 이 때 그 흔들림이 크건 작건 간에 램프가 1회 진동하는 데에 걸리는 시간은 같은 듯했다.

갈릴레이는 이 점을 놓치지 않았다. 그 무렵의 갈릴레이는 의학을 공부하는 중이어서, 맥박은 인체의 상태가 정상이라면 규칙적으로 고

동친다는 사실을 알고 있었다.

그러므로 자신의 생각이 옳은지 확인하고자, 자신의 맥박을 기준으로 램프가 흔들리고 시간을 재어 보기로 하였다.

마침내 갈릴레이는 이 방법으로 램프가 완전히 1회 진동하는 데 걸리는 시간은 그 흔들림이 크건 작건 똑같다는 사실을 증명했다. 이 결과로 오늘날 '단진자(單振子 : 단일 진자)'를 만드는 아이디어를 얻은 것이다.

단진자란 긴 실의 한끝에 조그마한 구슬을 매단 것이다. 나머지 한쪽 실을 고정시킨 뒤, 구슬을 조금 옆으로 들어올렸다가 놓으면 마치 램프의 흔들림처럼 좌우로 왔다 갔다 했다.

구슬로 실험해 보아도 완전히 1회 진동하는 데에 걸리는 시간은 진동이 크건 작건 똑같았다. 갈릴레이는 이에 그치지 않고, 실의 길이를 바꾸면 진동의 속도가 바뀐다는 사실을 발견하였다. ■

진자의 주기는 지구상의 위치에 따라서 변한다. 지구의 중력장의 세기가 모든 곳에서 동일하지 않기 때문이다. 그래서 고지대나 적도지방에서보다는 저지대나 극지방에서 더 빨리 진동하여 주기가 짧아진다.

갈릴레이는 나아가 단진자를 사용하여 인체의 맥박의 속도를 측정하는 방법을 착안하였다. 그렇게 하여 오늘날 '맥박계'로 불리는 기구가 발명된 것이다. 맥박계는 1607년 무렵부터 의사들이 쓰기 시작하여 진단을 내리는 데 크게 도움이 되었다.

(추시계를 연구하기도)

훨씬 훗날인 1641년, 갈릴레이는 진자를 이용해 시계를 만들 수 있다는 생각을 했다. 그런 시계는 당시 사용되던 불완전한 시계보다 훨씬 정확하게 시간을 가리킬 것이라고 믿었다.

그 무렵의 갈릴레이는 눈이 안 좋아지고 있어서, 아들인 빈센치오(Vincenzo)에게 연구를 돕도록 하였다. 빈센치오는 매우 솜씨가 좋은 기계공이어서, 아버지의 지시에 따라 우선 설계도를 만들고 이어서 모형을 만들었다. 그러나 갈릴레이의 병이 낫지 않았기 때문에 추시계에 관한 연구는 끝내 결실을 맺지 못하였다.

갈릴레이에 관한 어느 영국의 권위자는 갈릴레이와 진자 이야기에 대하여 다음과 같이 논하고 있다.

이것이 뉴턴의 사과나무 이야기처럼 부질없는 동화에 지나지 않는가는 이제 와서 가릴 수 없다. 그렇기는 하지만 적어도 갈릴레이가 포센티의 램프를 관찰했다는 전설은 사실이 아님이 확실하다.
왜냐하면 포센티의 램프가 완성된 것은 1587년의 일이며, 현재와 같은 그 자리에 매달린 것은 그 해의 12월 20일이 되어서였기 때문이다.

그러나 갈릴레이가 포센티의 작품이 아니고도 흔들리는 램프를 목

86

격했을 가능성은 있다. 또 그의 아들이 1649년에 바레스트리(Balestri)라
는 자물쇠 제조 전문가의 도움을 얻어 실제로 진자 기구(機構)를 만든
증거도 있다.

그러나 갈릴레이의 아들도 얼마 뒤에 죽고 말았다. 그리고 몇 해 뒤
(1673년)에 네덜란드의 과학자 호이겐스(Christiaan Huygens, 1629년~1695년)는
1658년에 설계한 추시계에 관한 저서를 출판하였다.

07

지 동 설 의   출 현 과   반 향

그래도 지구는 돈다

갈 릴 레 이 의   도 전

갈 릴 레 이 에   대 한   종 교   재 판

그 래 도   지 구 는   돈 다

옛날 사람들은 태양이 하늘을 가로질러 움직인다고 믿었다. 그렇다고 해서 놀랄 것은 하나도 없다. 태양의 운동은 날마다 규칙적으로 일어나는 일이며, 그 밖의 다른 생각을 끌어낼 만한 증거도 없었다.

이 같은 믿음은 이스라엘의 왕 솔로몬(Solomon, ?~?)의 시대까지도 사람들의 마음에 굳게 자리잡고 있었다.

솔로몬은 말했다.

"태양은 오르고, 다시 내려갔다가, 올랐던 곳으로 서둘러 간다."

또 예수(Jesus Christ, 기원전 6년경~30년경)는 "태양이여, **기드온** 위에 머물라."고 명령했다.

> 기드온(Gideon) 이란?
> 구약 성서에 나오는
> 이스라엘 민족을 해방한 용사.

이 두 경우 모두 만약 태양이 하늘을 가로질러 스스로 움직이는 것이 아니라고 믿었더라면 하지 않았을 말들이다.

위에서 예로 든 성서의 구절들과 그 밖의 비슷한 문장을 근거로 교회는 태양이 움직이며 지구는 정지해 있다고 가르쳤다. 종교에 관한 문제뿐 아니라 세속의 문제에서도 교회의 가르침은 절대적이었다. 누구든지 이를 받아들이지 않고 위배되는 행동을 하면 혹독한 수난을 면할 수 없었다. 때로는 사형을 포함하는 무서운 형벌을 받아야 했던 것이다.

지동설의 출현과 반향

1543년, 태양은 정지해 있으며 지구가 그 둘레를 돈다고 주장하는 한 권의 책이 출판되었다. 이 이론이 많은 교양인들에게 크나큰 충격을 준 것은 놀랄 일도 아니다. 이 책을 지은 코페르니쿠스(Nicolaus Copernicus, 1473년~1543년) 역시 자신의 이론이 교회의 믿음에 반하는 것이며, 세상 사람들로부터 심한 매질을 당하리라는 것을 알고 있었다. 그 역시 교회의 노여움을 두려워하고 있었다. 그래서 코페르니쿠스는 책의 출판을 몇 번이나 늦추었고, 그 때문에 그가 임종을 맞이하는 당일이 되어서야 책의 인쇄가 끝났다.

그로부터 얼마 후 조르다노 브루노(Giordano Bruno, 1548년~1600년)라는 이탈리아의 학자가 코페르니쿠스의 학설을 받아들이고 지지하는 논문을 냈다. 그로 인해 브루노는 교회의 미움을 사서 종교 재판을 받고 투옥되었다. 1600년, 결국 그는 교회로부터 파문되고, 이단자라 하여 화형에 처해지고 말았다.

세상에 널리 알려져 있다시피, 종교 개혁은 크리스트 교를 두 파로 분열되게 했다. 그렇지만 두 파 모두 태양은 움직인다고 믿는 점에서

는 일치된 의견을 보였다. 가톨릭에서는 이를 믿지 않는 자에게는 목숨에 관계되는 벌을 내린다고 했다. 프로테스탄트(개신교)의 지도자인 루터(Martin Luther, 1483년~1546년)는 코페르니쿠스를 가리켜 '천문학 전체를 뒤집어 엎으려는 바보 천치'로 일컬으며, "성서가 말하는 바와 같이 예수가 멈추라고 명한 것은 태양이었지 지구가 아니었다."고 덧붙였다. 한편 프로테스탄트의 또다른 지도자 칼뱅(Jean Calvin, 1509년~1564년: 프랑스의 신학자)은 이렇게 말했다.

"누가 감히 코페르니쿠스의 권위를 성경의 권위 위에 놓으려 하는가. 시편 93장에도 '세계도 견고히 서서 흔들리지 아니 하는도다.'라고 씌어 있지 않은가."

우리가 이들 종교 지도자들을 비판하기는 쉽다. 그러나 우리는 다음과 같은 점을 상기하지 않으면 안 된다. 새로운 사상을 받아들인다는 것은 곧 성서의 대부분이 몇 세기 동안이나 잘못된 기초 위에 서 있었다고 인정하는 뜻이 된다는 점이다. 만약 그러했다면 교회인의 지식 세계 전체를 위기로 몰아넣게 되었을 것이다.

갈릴레이의 도전

갈릴레이 이전의 천문학자들은 육안으로 천체를 조사했다. 1609년, 갈릴레이가 최초로 천체 망원경을 사용했다. 그는 목성과 그 위성을 관찰한 결과, 코페르니쿠스의 생각에 동의하게 되었다(제6장 참조).

이렇게 망원경을 사용하여 갖가지 새로운 사실이 발견되자, 일반 사람들 사이에 점차 갈릴레이가 알려지게 되었다. 따라서 교회는 태양이 정지해 있고 지구가 움직인다는 신앙은 잘못된 것이라는 성명을 발표할 필요성을 느끼게 되었다.

1616년, 마침내 교회의 성명이 발표된 이틀 뒤, 갈릴레이는 추기경 회의에 소환되어 출두했다. 이 자리에서 갈릴레이는 교회의 성명에 반하는 생각을 품거나 누구에게 그것을 가르치거나, 그 주장을 변호하는 따위의 일을 하지 말도록 공식적인 경고를 받았다. 그는 이 경고에 따를 것을 약속했다.

갈릴레이가 과연 실제로 그 같은 경고를 받았는지, 또는 교회가 코페르니쿠스의 책을 금서로 처분했다는 사실을 알려 주었을 뿐이었는지에 관해서는 저술가들 사이에 논쟁이 되고 있다. 당시 신앙심 깊은 가톨릭 교도는 교회에서 금지한 책을 읽어서는 안 되었다. 아무튼 그 진상은 어떤지 알 수 없으나, 독실한 가톨릭 신자였던 갈릴레이는 1630년까지는 그 이론에 관하여 공식적인 언급을 전혀 하지 않았다.

그런데 1630년에 갈릴레이는 《두 개의 주된 우주 체계에 관한 천문 대화》라는 제목의 저서를 출판하였다.

갈릴레이에 대한 종교 재판

《두 개의 주된 우주 체계에 관한 천문 대화》에서 갈릴레이는 강력하게 코페르니쿠스의 이론을 지지했다. 그는 이 책의 출판 허가를 관계 있는 가톨릭계 권위자에게 미리 받아 냈지만, 막상 출판되고 보니 많은 적을 만들고 말았다. 특히 예수회와 도미니쿠스 수도회 **수사**들의 분노는 대단했다. 그들이 얼마나 격분했던지 시일이 얼마 지나기도 전에 종교 재판소는 그 책의 내용을 조사하기 위한 특별 위원회를 구성해야 했다. 그 결과, 특별 위원회는 갈릴레이의 이론을 부

수사(修士)란?
가톨릭의 수사원에서 수도하는 남자.

당한 것으로 정하는 보고서를 냈다. 이리하여 갈릴레이는 두 번째로 재판소에 출두하라는 명령을 받게 되었다.

그는 이미 70세의 병든 몸이어서 재판을 받기 위한 여행이 무리라고 항변했지만, 교회는 그의 출두를 강요했다. 다만 로마에 도착한 뒤 통상적으로 용의자는 투옥되는 관례에 따르지 않고, 어느 친구의 집에 머물도록 허용해 주었다.

갈릴레이에 대한 첫 심문에서는 그가 문제의 책을 어디까지나 '선의로' 썼다고 항변한 것 외에는 별일이 없었다.

✎
이 고문은 '테리트 레아리소(territo realiso)'라고 불린다. 희생자에게 온갖 고문 도구를 보여 주면서 그것이 어떻게 작용하고, 어떤 결과를 가져오는가를 상세히 들려주는 심리적 고문이다.

그러나 두 번째 심문에서는 아마도 그의 이론을 부인하지 않으면 제1단계의 고문 ■에 처하겠다는 위협을 당한 모양이다. 갈릴레이는 그 고문 앞에 더는 버티지 못하고 자신의 생각이 잘못이었다고 뜻을 굽히고 말았다.

이리하여 1633년 6월 22일, 로마의 산타 마리아 소프라 미네르바 교회에서 종교 재판이 엄숙히 개정되었다. 그 자리에는 수많은 추기경과 교회의 고등 사무관들이 줄지어 앉아 있었다. 모두들 격식대로 위엄 있는 법복을 입고 있었다.

먼저 갈릴레이가 범한 1615년의 죄에 대해서 거듭 지적하며, 1616년에 복종하기로 한 약속을 상기시켰다. 마지막에 가서는 다음과 같은 판결이 내려졌다.

그대 갈릴레이는 진실을 부정하고 그릇된 이론을 올바르다고 주장한 죄, 그리고 성서에 입각해서 제기된 반대설에 대하여 성서를 자기에게 유리한 대로 해석해서 답한 죄로 1615년에 종교 재판소에 의해 고발되었다. 이에 종교 재판소는 다음과 같이 포고하는 바이다.

첫째, 태양이 세계의 중심에 자리하고 움직이지 않는다는 명제는 불합리하고 철학적으로도 잘못되어 있으며, 명백히 성서의 가르침에 위반되므로, 형태적으로는 이단이다.

둘째, 지구가 세계의 중심이 아니며 운동한다는 명제도 불합리하므로 철학적으로 잘못이며, 또한 최소한의 신앙으로서도 그릇되었다고 간주된다.

그럼에도 불구하고 당시에는 그대를 온당히 다루고자 하였으므로, 추기경 회의는 벨라르미노(Bellarmino, 1542년~1621년) **추기경 전하**를 통하여 그대에게 그릇된 주장을 완전히 버리라고 일렀다. 그에 따라 그대는 장차 그것을 언어로나 문서 등 어떠한 방법으로도 변호하거나 가르치지 않겠다고 약속하였기에 방면하였던 것이다.

추기경 전하란?
가톨릭에서 추기경을 높이어 일컫는 말.

지난 1616년에 있었던 일을 이렇게 묘사한 다음, 이어서 갈릴레이가 그 이전의 자기 견해를 변호하는 책을 저술했다고 고백한 사실을 지적했다.

판결문은 다음과 같이 이어졌다.

이는 참으로 중대한 과오다. 어떤 견해를 막론하고 성서에 위반된다고 선고되고 결정된 이상, 어떠한 방법으로도 시인될 수 없기 때문이다. 그대의 주장에 대하여 그대의 고백과 변명, 그 밖에 고려할 사항을 모두 검토하고 신중히 고려한 끝에, 이 법정은 그대에게 다음과 같은 최종 판결을 내린다.

우리는 그대 갈릴레이가 이 종교 재판소에 의해 이단의 혐의를 받기에 이르렀다고 선고하는 바이다. 그대의 생각은 옳지 못하며, 성서에 위반하는 이론을 그것이 성서에 위반된다고 선언된 뒤에도 믿고 지지한 것은 명백한 잘못이다. 그 결과, 그와 같은 위반자에 대해 가해지는 비난과 형벌을 받게 되었다.

그렇지만 그대가 우선 진지한 심정과 성실한 신앙을 지니고 앞서 말한 잘못과 이단 행위, 그리고 로마 가톨릭과 교황의 교회에 반하는 온갖 과오와 이단에 대하여 포기하고 저주한다는 조건 아래, 그대를 그 비난과 형벌에서 사면시켜 줄 수 있다.

나아가서 갈릴레오 갈릴레이의 저서가 출판되는 것을 금지한다. 그리고 우리가 임의로 정할 수 있는 기간 동안 이 종교 재판소에 정식으로 감금됨을 선고한다.

또 우리는 유익한 회개의 방법으로 그대에게 금후 3년 간 매주 1회씩 일곱 가지의 회죄 시편을 암송하도록 명하며, 앞에서 말한 형벌과 참회를 완화하고 변경하고, 또 전부 또는 일부를 취소하는 권력을 우리는 유보하는 바이다.

재판장이 말을 마치고 갈릴레이에게 두 무릎을 꿇고 다음과 같이 선서하도록 요구하였다.

고(故) 빈센치오 갈릴레이(Vincenzo Galilei, 1520년경~1591년)의 아들이며 피렌체의 시민인 당년 70세의 갈릴레오 갈릴레이는 재판소에 소환되어 추기경 전하를 비롯하여 이단의 부패에 대항하는 전 세계 크리스트 교국의 종교 재판소장 여러분 앞에 무릎 꿇어 눈앞의 복음 성서에 손을 얹고 선서합니다. 가톨릭과 교황, 로마 교회가 지지하고, 설교하고, 가르쳐 온 모든 것을 이 몸은 언제나 믿어 왔으며, 현재도 믿고, 하느님의 도우심으로 장차도 믿을 것임을 선서합니다.

종교 재판소 법에 입각하여, 태양이 세계의 중심에 자리하고 움직이지 않는다고 주장한 그릇된 견해를 포기하도록 명령받고, 또 앞에서 말한 그릇된 교설을 지지, 변호하고, 또 가르치는 일이 금지되어 있음에도 불구하고, 지구가 중심에 있음이 아니라 태양의 둘레를 움직이고 있음을 지지한 것으로 준엄하게 심판받았습니다.

그러므로 여러분 및 모든 가톨릭 교도의 심정이 마땅히 이 몸에 대해 품으신 그 준열한 혐의를 푸시기를 간절히 소망하는 바입니다. 이 몸은 진지한 심정과 성실한 신앙으로써, 위에서 말한 과오와 이단을 비롯하여 신성한 교회에 위배되는 그 밖의 모든 잘못에 대하여 종파를 떠나 저주하고 혐오합니다. 이 몸은 오늘 이후로 그와 같은 혐의를 초래할 일은 다시는 결코 입에 담거나 주장하지 않을 것입니다. 또한 만약에 이단으로 의심되는 사람을 하나라도 알게 되면, 그 사실을 종교 재판소 재판관과 주교에게 보고할 것을 서약합니다.

또한 본 종교 재판소가 이 몸에게 과한 회개의 의무를 실행하고 완전히 지킬 것을 맹세하고 약속합니다. 그러나 만일, 그 같은 일은 결코 없겠사오나, 제가 약속과 주장 및 서약에 위반되는 행위를 범하는 일이 있을 때는 위반자에 대한 성스러운 법규와 그 밖의 특수 법률에 의한 형벌을 기꺼이 받으오리다.

하느님이시여, 이 손에 닿는 복음 성서여, 이 몸을 도우소서.

갈릴레오 갈릴레이는 위와 같이 선서하고 약속 드립니다. 이와 같은 사실의 증거로 이 선서 문서를 일언일구마다 되풀이한 다음 이 몸 자신의 손으로 서명하였습니다.

1633년 6월 22일
로마의 미네르바 수도원에서

(그래도 지구는 돈다)

갈릴레이는 종교 재판 당시 털 셔츠를 입고 있었다고 흔히 믿고 있다. 그러나 실제로는 그가 무엇을 입고 있었던가에 대한 확실한 기록은 없다. 같은 시대에 살았던 어느 화가는 갈릴레이가 평상복을 걸치고 있는 모습으로 재판 받는 모습을 그렸다.

전해지는 이야기에 따르면, 갈릴레이는 선서를 마치고 일어났을 때 지구가 움직인다는 사실을 부정한 데 대한 양심의 가책을 못 이겨 안절부절했다고 한다. 왜냐하면 "그의 양심은 그가 거짓으로 서약한 것을 지적했다."는 것이다. 갈릴레이는 지면을 내려다보고 발을 구르며 말했다.

"E pur si muove(그래도 역시 그것은 움직인다)."

이 어구는 과학의 역사에서 참으로 널리 인용되고 있다. 그러나 그가 이런 말을 재판관의 눈앞에서 했으리라고는 생각할 수 없다. 그는 병든 몸에 지치고 지친 늙은이였다. 더구나 바로 직전까지 건장한 젊은이로서도 차마 견디어 내기 어려운 혹독한 체험을 겪은 처지였기 때

종교 재판을 받는
갈릴레이

문이다. 그뿐 아니라, 재판관이 만일 법정 모욕죄에 해당되는 그 말을 들었더라면 기필코 그에게 엄벌을 과했을 것이다.

이 어구가 인쇄된 최초의 기록은 1757년에 그의 초상화에 곁들여진 다음과 같은 글귀인 듯싶다.

이것이 유명한 갈릴레이다. 지구가 움직인다고 주장한 탓으로 6년 동안 재판을 받고 고문에 처해진 사람이다. 그는 석방된 순간 하늘을 우러러보고 땅을 굽어본 뒤 명상적인 심정으로 중얼거렸다. "E pur si muove." 즉 "그래도 역시 그것은 움직인다."라고. 그것이란 지구를 가리킨다.

가령 갈릴레이가 이 같은 말을 입에 올렸다 할지라도, 그것은 법정 밖에서의 일이었지 법정 안에서는 아니었을 것이다. 여러 근거로 그가 법정을 떠난 뒤에 이 말을 입에 올렸다고 믿을 수 있다.

그 때 갈릴레이는 몇 안 되는 그의 옛 벗들 사이에 둘러싸여 있었다. 그와 관련된 하나의 증거가 그의 초상화에서 발견되었다. 1911년, 초상화를 액자에서 떼어 낼 때 액자의 아래 테두리에 그 때까지는 가려져 있던 여백이 나타났다. 거기에는 약간의 그림이 그려져 있었는데, 남의 눈에 띄지 않게끔 일부러 숨겨 놓은 듯 보였다. 그 그림은 태양의 둘레를 도는 지구를 그린 것이었다. 그리고 거기에 "E pur si muove."라는 말이 덧붙여 적혀 있었다. 이 그림은 1646년, 갈릴레이가 판결 후에 묵었던 집 주인이 어느 에스파냐의 화가로 하여금 그리게 한 것이었다.

오늘날에는 갈릴레이가 재판관들 앞에 나타나기 전에 고문을 받았다고 믿는 이는 거의 없다. 그러나 아마도 관례에 따라 제1단계의 고문으로 위협을 당한 것만은 분명한 듯하다.

그에게 과해진 형벌은 가벼운 것이었다. 그는 이틀 동안 종교 재판소에 구류되었고, 그 뒤에는 그와 친근한 어느 대주교의 집에 가택 구금의 상태로 연금되었다. 갈릴레이는 이 곳에서 서너 달 묵은 뒤 피렌체의 자택으로 돌아가도록 허락되었다. 그리고 그 곳에서 여생을 두문불출하며 보냈다.

08

물 이 나 오 지 않 는 우 물

기압계의 로맨스

토 리 첼 리 , 진 공 을 만 들 다

파 스 칼 의 추 리 와 페 리 에 의 측 정

17세기 중엽까지, 과학자들은 자연이 진공을 싫어하며 두려워한다고 믿어 왔다. "자연은 진공을 혐오한다."는 신앙이 펌프의 기능을 설명하는 기초가 되었다.

펌프란 한 마디로 기다란 '관' 이다. 그 한 끝을 퍼올리려는 물 속에 대고 다른 한 끝을 물통 또는 둥근 관에 이어 놓은 것이다.

펌프의 핸들을 아래위로 움직이면 그 둥근 관 속은 부분적으로 진공 상태가 된다. 그러면 자연은 진공을 싫어하기 때문에 그것을 제거하기 위해 즉각 물을 관 속으로 상승시켜서 진공 공간을 채운다. 초기의 과학자들은 펌프에 대해 이렇게 설명하였다.

물이 나오지 않는 우물

1640년에 이탈리아 토스카나(Toscana)의 대공은 자기 궁전의 정원에 우물을 파기로 했다. 이 작업에 동원된 인부들은 보통의 우물보다도 훨씬 깊은 데까지 땅을 파내려갔다. 약 40피트 깊이까지 파서야 물이 나왔다. 펌프를 설치하고, 그 관의 앞 끝을 지하수에 담갔다.

곧이어 여러 명이 펌프질을 했다. 그러나 놀랍게도 아무리 힘껏 펌프질을 해 보아도 물은 나오지 않았다. 인부들은 펌프의 어딘가가 잘못되어 있으려니 믿었다. 그러나 아무리 주의깊게 살펴보아도 펌프의 결함은 발견되지 않았다.

이 기묘한 사건은 곧 대공에게 보고되었다. 그러나 대공도 인부들과 마찬가지로 왜 펌프가 제기능을 발휘하지 못하는지 도무지 알 수가 없었다.

패트런은 과학자들에게 급료를 지불함으로써 과학자들이 생활비를 벌기 위해 다른 일을 하지 않고, 오직 연구에만 몰두할 수 있게 해 주는 일종의 후원자였다.

당시 대공과 같은 부자는 대개 유명한 과학자의 패트런(patron)이었다. ■ 펌프 사건이 일어나기 얼마 전, 갈릴레오 갈릴레이는 대공의 '특임 과학자 겸 수학자'로 위촉되어 있었다. 이런 연유로 대공은 펌프의 수수께끼에 관해서 갈릴레이에게 의견을 묻게 되었다.

물은 펌프의 관 속을 18팜(palm, 약 33피트) 높이까지 올라가지만, 그 이상은 올라가지 않았다. 갈릴레이는 이 현상에 대해 "자연은 진공을 혐오하지만, 그 혐오는 물이 관 속을 18팜 높이까지 올라가면 끝난다."고 설명했다.

그러면서도 갈릴레이는 이 설명으로 자신을 완전히 납득시킬 수 없었다. 그 때 그는 이미 힘든 연구를 하기엔 늙은 몸이었다. 그래서 자신을 대신하여 젊고 유망한 제자인 토리첼리(Evangelista Torricelli, 1608년 ~1647년)에게 이 문제를 대신 연구하도록 맡겼다.

토리첼리, 진공을 만들다

토리첼리는 펌프가 무거운 액체를 가벼운 액체보다 높이 올릴 수 없다고 믿었다. 그래서 연구에 물 대신 수은을 쓰기로 했다. 수은은 같은 부피의 물보다 13.5배나 무겁기 때문이었다. 그는 예상하기를 펌프가 수은을 최대한으로 올릴 수 있는 높이는 33피트를 13.5로 나눈 값, 즉 약 30인치가 될 것이라 생각했다. 물 대신에 수은을 사용할 경우 큰 이점은, 최소한 33피트가 되어야 하는 긴 관 대신에 사용하기 쉬운 약 1m 길이의 관을 쓸 수 있다는 점이었다.

그는 약 1m 길이의 한쪽 끝을 막은 유리관을 구했다. 여기에 수은을 가득 채운 다음, 열려 있는 한 끝을 엄지손가락으로 눌러 막았다. 그것을 거꾸로 하여 수은이 가득한 수조에 담갔다. 그러고는 막았던 손가락을 떼었더니, 높이 약 30인치(76cm)의 높이까지만 수은이 쑤욱 내려갔다. 아까까지는 수은이 가득차 있었던 관의 윗부분에 빈 공간이 생긴 것이다. ■

> 이것은 뒷날에 '토리첼리의 진공'이라고 불리게 되었다.

이 실험이 실시되기 훨씬 전에 갈릴레이는 이미 공기가 다른 물질들과 마찬가지로 무게를 갖는다는 사실을 밝혀 냈다. 따라서 토리첼리는 수조에 담긴 수은 표면에 작용하는 공기의 무게가 수은이 관으로부터 달아나려는 것을 막고 있다고 결론을 내렸다. 공기가 수조에 담긴 수

토리첼리와
수은이
들어 있는 관

은을 누르는 힘과 관 속에 남은 수은의 무게가 조화를 이루다 보니, 관
속의 수은은 더 이상 수조로 달아날 수가 없었던 것이다. 토리첼리는
이어서 토스카나 대공의 우물 펌프에 대해서도 설명했다.

"공기가 우물의 수면을 내리누르는 힘은 물을 펌프의 관 속에 30인치의 13.5배, 곧 33피트 높이까지 밀어올릴 수가 있었지만 그 이상은 밀어올릴 수 없다."

토리첼리의 실험은 토스카나 대공의 우물에 대해 설명하는 데만 그치지 않았다. 공기의 압력을 측정하는 방법까지 제시한 것이었다.

수은 위에 거꾸로 세운 토리첼리의 관은 '기압계'라는 기구가 되어 널리 알려지게 되었다. 현대에 이르기까지도 공기압의 크기를 재는 데 그것을 받치는 수은주의 높이로 나타내어 '수은주 몇 mm'라고 불렀다. ∎

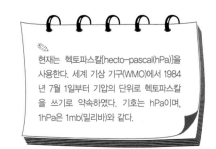

현재는 헥토파스칼[hecto-pascal(hPa)]을 사용한다. 세계 기상 기구(WMO)에서 1984년 7월 1일부터 기압의 단위로 헥토파스칼을 쓰기로 약속하였다. 기호는 hPa이며, 1hPa은 1mb(밀리바)와 같다.

파스칼의 추리와 페리에의 측정

1644년 무렵, 루왕(Rouen)에 살고 있던 프랑스 과학자 블레즈 파스칼 (Blaise Pascal, 1623년~1662년)은 공기의 압력에 대해 알게 되었다. 그는 "우리는 틀림없이 무게를 가진 공기의 바다 밑에 살고 있다."는 글을 읽고 깊은 생각에 잠겼다.

"만약 이것이 진실이라면, 머리 위에 있는 공기가 적을수록 우리를 내리누르는 공기의 무게도 작아질 것이다. 그렇다면 기압계의 관(토리첼리의 장치)을 탑의 꼭대기같이 높은 데로 가지고 가면, 관 속의 수은주의 높이는 줄어들까?"

파스칼은 자신의 추론이 사실인지를 확인하고자, 기압계의 관을 교회당의 탑 위로 가져가 보았다. 그 결과, 수은주의 높이가 아주 약간 낮아졌다는 것을 알아볼 수 있었다. 그러나 탑의 높이는 결정적인 결론을 끌어 낼 수 있을 만큼 충분히 높지 못했다.

그는 고향에 있는 산을 생각했다. 파스칼은 파리에서부터 약 200마일 남쪽에 있는 클레르몽이라는 마을에서 태어났다. 이 마을은 약 3,000피트 높이의 퓌드돔(Puy de Dome)이라는 산의 기슭에 자리하고 있었다.

파스칼은 그 무렵에 몹시 몸이 안 좋았다. 의사는 그에게 절대 심한 운동을 해서는 안 된다고 엄중히 금지하였다. 그는 하는 수 없이 클레르몽에 살고 있는 매형 페리에(Perrier)를 설득하여 자기 대신 실험을 하게 했다.

1648년 9월 19일 오전 5시 무렵, 퓌드돔의 꼭대기가 구름을 뚫고 머리를 내밀었다. 페리에는 이 날, 실험을 하기 위해 친구들을 불러모았다. 오전 8시, 친구들 5명은 등산할 준비를 했다. 친구들은 저마다 자기 분야에서 이름난 사람들이며, 더욱이 모두 과학에 흥미를 가진 이들이었다.

페리에는 길이가 약 4피트인 한 끝을 막은 유리관 두 개와 단지 두 개, 그리고 약 16파운드의 수은을 준비했다. 산기슭에 이르자, 그는 한

퓐드돔을 오르는
페리에

개의 유리관과 수은을 조금 사용하여 '토리첼리의 실험'을 해 보았다.
관 속의 수은주를 측정해 보니, 높이 26.4인치였다.

　그는 또 하나의 유리관으로도 똑같은 실험을 되풀이했다. 이 결과,
동행자 모두 수은주의 높이가 똑같다는 사실을 확인하였다.

　이어 그들 일행은 정상을 향해 출발했다. 거꾸로 해 놓은 유리관 한
개는 기슭에 남겨 놓고, 친구 하나로 하여금 관찰하도록 했다. 그는 온
종일 일정한 시간마다 수은주의 높이를 읽는 작업을 맡았다.

　이윽고 일행은 출발점으로부터 약 3,000피트 위에 있는 정상에 이

기압계의　로맨스

109

르렀다. 여기서 토리첼리의 실험을 해 보니 수은주의 높이는 23.2인치였다. 그러니까 출발점에 비해서 수은주 높이가 3.2인치 낮아진 셈이었다.

어느 정도 예상하기는 했으나, 이 측정값은 기슭에서의 값과 너무나 큰 차이를 보여서 모두 눈을 의심할 지경이 되었다. 따라서 실험 방법을 여러모로 바꾸고 또 측정 장소도 정상에서 이리저리 옮겨다니며 실험을 해 보았다. 산 꼭대기에 세워진 조그만 예배당 안에서도 해 보았고, 다시 바깥으로 옮겨가서 몇 번이고 되풀이했다. 안개가 산 위로 내리덮기를 기다렸다가 실험을 해 보기도 했다. 결과는 몇 번 되풀이해도 수은주의 높이는 23.2인치로 언제나 한결같았다.

실험을 끝내고 하산하던 도중 산허리에서 다시 실험을 해 보았다. 이번에는 수은주의 높이가 25인치였다. 하산을 하여 기슭에 내려와서, 그 자리에 놓고 간 수은주의 높이를 읽어 보니 등산 전과 다름없이 26.4인치였다.

이튿날 아침, 산기슭에 자리한 기도원의 사제가 클레르몽에 있는 노트르담의 높다란 탑 위로 올라가서 실험을 되풀이해 보면 어떻겠느냐는 도움말을 주었다. 그의 말대로 약 120피트 높이의 탑에서 실험해 보니, 수은주 높이의 차는 0.2인치였다.

실험의 결과는 곧 파스칼에게 전해졌다. 파스칼은 즉시 파리의 높은 탑을 이용하여 실험을 거듭했다. 그가 얻은 결과는 페리에가 측정한 값과 거의 같았다.

이들 실험은 공기에는 무게가 있다는 갈릴레이의 이론이 올바르다는 사실과 우리가 공기의 바다 밑에 살고 있다는 사실을 증명해 주었다. 그것은 또한 토리첼리의 관이 대기의 압력을 기록할 뿐만 아니라, 산의 높이를 측정하는 데도 사용할 수 있다는 것 또한 밝혀 주고 있다.

말 16마리 대 공기

공 기 펌 프 와 진 공

황 제 앞 에 서 벌 인 줄 다 리 기

오토 폰 게리케(Otto von Guericke, 1602년~1686
년)는 1602년 마크데부르크(Magdeburg)의 유복한 집안에서 태어났다. 그 시절에 마크데부르크는 프로이센의 한 주(洲)인 작센의 수도였다.

그는 수학, 특히 기하학과 역학을 공부한 뒤 외국으로 여행을 떠났다. 그 시절, 외국 여행은 신사 교육의 중요한 부분으로 여겨지고 있었다. 게리케는 제임스 1세가 통치하던 영국을 방문하고, 그 뒤로는 유럽 대륙의 대학에서 얼마 동안 머물다가 고향으로 돌아왔다.

1618년에 일어난 격렬한 전쟁은 그 뒤로 30년 동안이나 이어졌다(30년 전쟁). 그 전투는 주로 독일 땅에서 전개되었다. 게리케도 참전하였는데, 그는 수학의 소양을 인정받아 군사 기술자로서 중요한 역할을 수행했다.

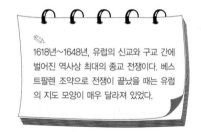

1618년~1648년, 유럽의 신교와 구교 간에 벌어진 역사상 최대의 종교 전쟁이다. 베스트팔렌 조약으로 전쟁이 끝났을 때는 유럽의 지도 모양이 매우 달라져 있었다.

그러나 불행히도 그가 편들어 싸운 쪽이 패배하여, 마크데부르크는 1631년에 점령되고 무참히 약탈당했다. 이 때 약 3만 명의 주민이 살해되었고, 중요한 건축물은 모조리 파괴되고 말았다. 게리케는 시의원이었는데 다행히도 죽음을 면하여 훗날에 도시 재건을 위해 이바지했다. 그 뒤 게리케는 마크데부르크 시장으로 선출되어 35년 동안 그 지위에 있었다.

게리케의 물 기압계

한 도시의 행정을 맡은 게리케는 매우 바쁜 나날을 보냈지만, 틈만 나면 취미인 과학 연구에 열중하곤 했다. 그는 갈릴레이가 공기에도 무게가 있다는 사실을 밝힌 것도 알고 있었고, 토리첼리의 연구에도 몹시 흥미를 느꼈다.

게리케는 이렇듯 연구와 고안에만 재능이 풍부한 것이 아니었다. 유머 감각도 남다른 데가 있어서 손수 새로운 모양의 '물 기압계'를 만들어 홀로 즐기곤 하였다. 이 물 기압계는 약 10m 길이로, 땅에서부터 그의 집 지붕 밑까지 닿았다. 그는 이 기다란 관의 꼭대기에 약간 가느다랗게 만든 플라스크를 거꾸로 장치하고, 그 관의 아래 끝은 물을 가득 채운 커다란 원통 속에 가라앉혔다. 관 속에서 물 기압계의 구실을 하는 물기둥의 높이는 약 32피트였다. 길쭉한 플라스크 속에는 이른바 '토리첼리의 진공'이 있었던 것이다.

게리케는 나무로 사람 모양을 만들어 물 기압계 속에 넣고, 길쭉한 플라스크 속의 수면에 띄웠다. 그런 다음 관의 아래쪽을 완전히 감추었다. 밖에서는 나무 사람을 넣은 유리 그릇 밖에 볼 수 없게 한 것이다. 그러고는 맑은 날에 수면이 올라가는 높이 이하는 널빤지로 둘러싸서 보이지 않게 해 놓았다.

이러고 보니, 날씨가 좋은 날에만 나무 사람이 모습을 드러내는 것이었다. 날씨가 나쁘면 공기의 압력이 낮고, 따라서 관 속의 수면이 낮아졌다. 그러면 나무 사람은 널빤지 울타리 뒤로 숨어 보이지 않았다.

이렇듯 날씨가 좋을 때만 나타나는 이 '날씨 마네킹'을 보고 사람들은 크게 감탄하였다. 한편으로는 게리케가 암흑 세계의 여러 세력과 절친한 사이가 아닌가 하는 애꿎은 의심도 받게 하였다.

공기 펌프와 진공

게리케가 이루어 놓은 또 하나의 업적은 진공을 만들 수 있을 만큼 효과적인 공기 펌프를 설계한 일이었다. 그의 실험은 매우 간단해 보였다. 게리케는 나무통에 물을 가득 채우고, 그 아래쪽 관에 화력 엔진으로 움직이는 펌프를 장치했다. 이 펌프가 물통 속의 물을 몽땅 끌어내면 물통 속에 진공의 공간이 남게 되리라고 그는 기대하였다.

그러나 예상대로 되지 않았다. 두세 번 시험해 본 결과, 물통의 나무 판자 이음새로 공기가 새어 나왔던 것이다. 게리케는 이음새 전체를 완전히 밀봉할 필요가 있다고 깨달았다.

완전히 밀봉한 뒤 다시 실험을 해 보았다. 그런데 물이 점차 빠져 나

옴에 따라 펌프질을 하기가 점점 어려워졌다. 마지막에는 힘센 남자 3명이 온힘을 다해 피스톤을 끌어 내어야만 했다. 그런 가운데서도 끝내는 물통의 나무 널빤지가 튀고, 큰 소리를 내며 공기가 물통 속으로 빨려들어가고야 말았다.

게리케는 나무통이 약해서 진공을 유지할 수 없다는 것을 알았다. 이번에는 구리로 속이 빈 구체를 만들어서 실험을 되풀이했다. 이번 실험에서는 그릇이 망가지지 않았지만, 대신에 펌프를 움직이는 데 너무나 큰 체력이 필요했다. 힘센 네 명의 장정을 동원해서 온힘을 기울여 보았으나 펌프는 꿈쩍도 하지 않았다.

이렇게 되자 게리케는 밀폐된 공간에서 물이 아니라 공기를 빼내는 '공기 펌프'를 발명하게 되었다. 구리로 속이 텅 빈 구체를 만들었는데, 이번에는 완전한 구체를 정확하게 둘로 쪼갠 모양의 커다란 반구 두 개를 쓰기로 하였다.

이 반구를 합치면 각기의 가장자리가 딱 들어맞아서 완전하게 속이 텅 빈 구체를 이루었다. 게리케는 더 나아가서 절대로 공기가 새지 않는 완벽한 구체로 만들려 했다. 그는 반구와 동일한 지름을 가진 가죽의 고리를 만들고, 그것을 **테레빈유**에 녹인 밀랍 용액 속에 담근 뒤 건져 내어 말렸다. 그러자 고리에서 기름기는 말끔히 증발해 버리고, 가죽의 미세한 구멍에는 밀랍이 가득 차게 되었다. 이렇게 가죽 고리는 밀폐되어 기체가 통하지 않는 상태가 되었으므로, 그것을 두 반구의 테

테레빈유(turpentine)란?
송진을 증류하여 얻는 기름.

사이에 일종의 **워셔**로 끼워 넣었다. 또 구체의 한 쪽에는 **콕**이 장착되었고, 양 구체의 바깥에는 든든한 굴레를 둘러씌웠다. 이렇게 준비된 반 구와 워셔를 끼워 맞추니, 지름이 약 30인치가 되는 속이 텅 빈 구리 구체가 되어, 공기는 전혀 새어나오지 않게 되었다.

> 워셔(washer)란?
> 볼트나 너트로 물건을 칠 때
> 너트 밑에 넣는 둥글고 얇은 금속판.
> 콕(cock)이란?
> 가스·수도 등의 꼭지.

　게리케는 새로 발명한 공기 펌프로 구리 구체 속에서 공기를 모조리 배출하였다. 이로써 실험에 착수할 준비를 끝냈다. 그는 이 실험을 몇몇의 친구 앞에서 할 작정이었다. 공개 실험을 하기 전에 과연 성공할는지 미심쩍었기 때문이다.

　마침내 실험날, 그의 친구들은 레겐스부르크(Regensburg)의 국회 의사당 앞에 모였다. 그리고 실험은 대성공을 거두었다.

(황제 앞에서 벌인 줄다리기)

　1651년, 황제 페르디난트 3세(Ferdinand III, 1608년~1657년)가 이 소식을 듣고, 게리케에게 자기 앞에서 그 실험을 해 보이라는 명을 내렸다.

　얼마 뒤 다음 장의 그림과 같은 일이 벌어졌다. 오른쪽 저 멀리에 황제를 비롯한 궁정의 신하들이 생전 보지 못한 줄다리기를 구경하고 있는 모습이 보인다.

줄다리기를 하는
16마리의 말

　여덟 마리의 힘센 말이 반구의 하나에 매어지고, 또 하나의 반구에
도 여덟 마리가 매어졌다. 게리케가 기록한 바에 따르면, 대기의 압력
에 의하여 두 개의 반구는 16마리의 말이 끌어도 갈라 놓을 수 없을 만
큼 굳게 결합되어 있음을 증명하기 위해 계획된 실험이었다.

　그의 계획대로 16마리의 말들은 온 힘을 다해 양쪽으로 끌어당겼으
나, 반구는 쉽게 떨어져 주지를 않았다. 그래도 간신히 16마리의 힘이
이겨서 끝내는 반구를 갈라 놓는 데 성공했으나, 그에 소요된 시간과
노동력은 엄청난 것이었다.

구체가 둘로 갈라질 때는 어마어마하게 요란한 소리를 냈다. 궁정에서 나온 관람자들은 그 소리 때문에 무척 놀라고 말았다. 게리케의 글을 빌어 보면 "끝내 말이 두 반구를 갈라 놓았을 때, 흡사 대포를 발사할 때와 같은 '꽝!' 하는 소리가 났다." ▪

✎
그 소리는 물론 진공 속으로 공기가 맹렬한 속도를 내며 일시에 돌입하면서 낸 것이다.

황제와 중신들은 두 개의 반구를 떼어 내기가 얼마나 힘든 일인가를 직접 목격하였다. 게리케는 이 실험 뒤에 이번에는 아주 손쉽게 반구를 떼어 내는 방법을 제시하여 그들을 거듭 놀라게 하였다.

우선 말을 다 풀어 놓자, 그는 두 개의 반구를 맞붙여서 속이 텅 빈 구체를 만든 다음, 조수들을 시켜서 펌프를 움직여 속에 든 공기를 완전히 빼내었다. 그러고는 단지 꼭지를 비틀었을 뿐이었다. 그러자 공기가 구체 속으로 들어가 아무런 힘을 들이지 않고도 두 반구를 떼어 낼 수 있었다. 두말 할 것도 없이, 구체 밖의 공기가 구체를 안으로 밀어 대는 힘과 같은 힘으로 구체 속에 들어간 공기가 안쪽에서 밖으로 밀어 내고 있기 때문에 두 압력이 서로 상쇄되었기 때문이다.

그 뒤에도 게리케는 지름 1m의 구체 바깥 면에 작용하는 공기의 압력을 계산하고서, 그것은 24마리의 말로도 두 개의 반구를 떼어 낼 수 없을 만큼 크다는 사실을 알았다. 그래서 전보다도 더 큰 반구를 만든 다음, 이번에는 24마리의 말로 하여금 그것을 떼어 내려는 실험을 시도했다. 역시 말이 아무리 안간힘을 써도 성공하지 못했다. 그러나 게리케는 콕을 비트는 것만으로 간단히 그것을 해낼 수 있었음은 물론이다.

10

떨 어 지 는 사 과 를 보 고

사 과 이 야 기 를 부 정 하 는 사 람 들

뉴 턴 의 사 과

지 금 도 살 아 있 는 사 과 나 무

개 가 불 태 운 원 고

개 를 몹 시 싫 어 한 뉴 턴

1664년의 뉴턴(Sir Isaac Newton, 1643년~1727년)은 아직 20대 초반의 몸으로 케임브리지 대학의 트리니티 칼리지에서 수학을 공부하고 있었다. 그 해에 런던에서는 흑사병(페스트)이 발생하여 수백 명이 죽어 갔다. 이 무서운 전염병은 그 뒤로 영국의 여러 지방으로 번져, 1665년의 한여름에는 그 맹위를 떨쳤다.

흑사병은 무서운 전염력을 가지고 있었으므로, 사람들은 안전을 찾아 시골의 작은 마을로 피난하기에 바빴다. 시골은 사람들이 밀집한 도시보다 감염의 위험이 적다고 생각되었던 것이다.

그 때 뉴턴은 울스토르프(Woolsthorpe)의 외가댁으로 피신하였다. 울스토르프는 링컨셔(Lincolnshire)의 그란 섬에서 6마일 떨어진 곳에 있는 마을이었다. 이렇게 케임브리지를 떠난 뉴턴은 2년 가량을 이 곳에서 지내게 되었다.

외가댁에는 퍽 쾌적한 정원이 있었다. 뉴턴은 이 정원에서 즐겁게 공부를 하며 지냈다. 훗날 뉴턴은 전염병이 무섭게 설친 그 2년 동안, 생애 어느 시기보다도 많은 나날을 수학과 과학에 관하여 사고하며 보낼 수 있었다고 말했다.

그 기록에 따르면 "그 시절 나는 발견에 있어 최고 전성기를 이루었다.”고 한다. 뉴턴이 오늘날 수학에서 중요한 부분을 차지하는 미적분을 발견하고, 빛에 관하여 새로운 사실을 구명하고, ‘인력’을 지배하는 법칙이 있음을 착상한 것은 모두가 이 기간에 이루어졌다.

떨어지는 사과를 보고

뉴턴에 관해서 가장 널리 알려진 이야기는 ‘인력의 법칙’에 관련한 것이다.

어느 날, 뉴턴은 울스토르프에 있는 외갓집 마당에 앉아 있었다. 그런데 갑자기 사과나무에서 사과가 하나 툭 떨어졌다. 그것을 보자 뉴턴은 ‘왜 사과가 땅을 향해 곧추 떨어지는 것일까.’ 하는 의문이 들었다.

“왜 사과는 수직으로 땅에 떨어지는 대신에 위로 솟구쳐 오르거나 옆으로 날거나 하지 않는 것일까.”

그는 사과 하나가 가지를 떠나 아래쪽으로 떨어지는 것은 그것을 땅으로 끌어당기는 힘이 있기 때문이라고 결론을 내렸다. 이리하여 뉴턴은 이 우연한 관찰로부터 인력을 발견하게 되었다고 한다.

이 이야기가 처음 등장하는 것은 로버트 그린(Robert Greene)이 쓴 역학에 관한 책이었다. 이 책은 1727년에 출판되었다. 그 글에서 그린은 뉴턴의 인력에 관한 고찰을 소개하고, 이렇게 주석을 달고 있다.

이 유명한 발상은 사과가 나무에서 떨어지는 현상에서 유래되었다고
한다. 나는 이 이야기를 현명하고 학식 깊고 훌륭한 인물이며, 나와 매
우 친근한 벗 마틴 포크스(Martin Folkes)의 입을 통해 들었다. 그는 **나이트**
이자, 왕립 학회의 매우 우수한 회원이다. 나는 그에
게 경의를 표하며 여기에 그 이름을 적는다.

몇 해 뒤, 프랑스 사람인 볼테르(Voltaire, 1694년
~1778년)도 그의 《철학 서간》 가운데서 다음과 같이

나이트(Knight)란?
준남작의 아래에 있는 작위

말하고 있다.

뉴턴은 유행병을 피해 케임브리지에 가까운 어느 시골로 피난을 가서 살고 있었다. 어느 날 마당을 거닐다가 우연히 사과나무에서 사과가 떨어지는 현장을 목격했다. 이 때, 뉴턴은 그 유명한 인력에 관하여 깊은 명상에 빠져들었다. 그 원인에 관해서는 오래도록 철학자들이 탐구해 왔으나, 뜻을 이루지 못하고 있었다. 한편으로 대중들은 그런 일에 신비로움이라곤 전혀 느끼지 못했던 것이다.

그로부터 서너 해가 지난 뒤, 볼테르는 뉴턴의 배다른 조카딸이 자신에게 문제의 사건 경위를 가르쳐 준 데 대해서 고맙다는 말을 하고 있다. 그녀는 또 마틴 포크스에게도 그 이야기를 하였는지도 모른다.

사과 이야기를 부정하는 사람들

다음 세기에 들어서자, 많은 철학자들은 사과가 떨어지는 현상처럼 간단한 사실이 뉴턴의 빛나는 인력의 발견에 힌트를 주었다는 이야기를 믿지 않게 되었다. 특히 뉴턴의 시대에 살았던 많은 저술가들이 그 사건에 대해 한 마디도 언급하지 않았다는 사실이 주목되었다. 만약에 그런 말을 들었더라면, 대개의 저술가들은 좋은 화젯거리로 여기며 저서 속에 담았을 것이 분명하다.

예컨대 뉴턴이 죽었을 때 송사를 쓴 퐁트넬(Bernard Le Bovier de Fontenelle, 1657년~1757년: 프랑스의 문학가이자 사상가)은 뉴턴에 관한 정보의 태반을 뉴턴의 조카딸을 통해 얻었다. 그렇지만 그 역시도 사과가 떨어진 사건에 관해서는 단 한 마디도 언급하지 않고 있다.

같은 시대에 살았던 또 한 사람 펜버턴(Pemberton)도 그저 이렇게 적고 있을 따름이다.

《프린키피아》

뉴턴이 《프린키피아(Principia)》 안의 이론을 처음 품은 것은 전염병 때문에 케임브리지를 떠나 피난했던 1666년의 일이었다. 그는 마당에 앉아 있다가 불현듯 인력에 관한 명상에 빠져들었다.

뉴턴과 동시대에 살았던 휘스턴(Whiston)도 뉴턴에 관한 책을 남겼지만, 사과 사건에 대해서는 전혀 언급이 없다. 《아이작 뉴턴의 삶, 저술, 발견》의 저자 브루스터(Sir David Brewster, 1781년~1868년: 스코틀랜드의 물리학자)도 마찬가지다.

더구나 어떤 저술가는 사과 이야기에 의혹을 나타내는 데 그치지 않고, 이야기 자체를 비웃고 있다. 예를 들어 독일의 헤겔(Georg Wilhelm Friedrich Hegel, 1770년~1831년: 독일의 철학가)은 그 이야기를 '뉴턴의 눈앞에 떨어진 사과의 참으로 가련한 이야기'로 일컬으며 다음과 같이 덧붙이기도 했다.

이 이야기를 마음에 들어하는 사람들은 인류의 타락이라든가 트로이의 함락 등, 사과가 전세계에 얼마나 많은 재앙을 초래했는가를 깡그리 잊어먹고 있음에 틀림없다. 사과는 철학적 과학을 위해서는 흉한 징조다.

　헤겔과 같은 독일인 가우스(Carl Friedrich Gauss, 1777년~1855년: 독일 수학자, 물리학자)는 이 전설을 재미있게 변형하여 아래와 같이 적어 놓았다.

뉴턴의 사과 이야기란 밑도 끝도 없는 낭설이다. 사과가 떨어지든 떨어지지 않든 간에, 위대한 발견이 그따위 사과 하나 때문에 빨라지고 늦어지고 할 수는 없는 일이다. 사과 이야기는 아마도 이런 사연 때문에 생겨났을 것이다.
어느 날, 멍텅구리에다 짓궂은 사나이 하나가 뉴턴을 찾아와서 "어떻게 그런 위대한 발견을 하게 되셨습니까?" 하고 시시콜콜 캐물었다. 뉴턴은 자기와 이야기를 나누는 상대가 얼마나 모자란 사람인가를 깨달았다. 뉴턴은 어서 그를 떼어 버리고 싶은 생각으로 이렇게 말했다.
"사과 하나가 제 코 위로 떨어지는 통에 지구의 인력을 생각하기 시작했답니다."
이 말을 들은 사나이는 자초지종을 완전히 납득하고 대단히 만족스러워하며 물러갔다.

지금도 살아 있는 사과나무

뉴턴이 사과가 떨어지는 것을 보고 인력을 발견했다는 이야기는 간단히 부정할 수 있다. 뉴턴보다도 먼저 인력에 관하여 알고 있었던 사람도 많기 때문이다. 예를 들어, 갈릴레이는 뉴턴이 태어난 해에 죽었지만, 인력에 관한 연구에 크게 공헌한 바 있었다(제5장 참조).

그렇지만 사과가 떨어지는 현장을 목격한 사실이 뉴턴에게 영감을 주고, 그 때까지 어느 누구보다 더 인력에 관해 철저히 연구하겠다는 뜻을 세웠을 수는 있다. 이러한 가능성은 뉴턴의 주치의인 수트크레 (Stukeley) 박사가 지은 《뉴턴의 전기》가 세상에 나온 덕분에 강조되었다. ▪ 그 전기에서 박사는 자신이 아는 사실만을 근거로 하였으며, 전해 들은 이야기는 다루지 않겠다고 전제한 뒤 다음과 같이 서술하였다.

이 전기는 200년 가까이나 출판되지 않고 원고인 채로 잠자고 있었다.

1726년 4월 15일, 나는 아이작 뉴턴 경과 식사를 함께 하고 종일토록 그와 같이 지냈다. 점심 뒤, 날씨가 따뜻하기에 우리는 정원으로 나갔다. 사과나무 밑에서 그와 나는 단둘이 차를 마셨다. 그는 나에게 말했다. 예전에 인력에 관한 생각이 마음에 떠오른 것은 꼭 이런 상태였었다고. 그 생각이 떠오른 것은, 그가 명상적인 상태로 앉아 있을 때 사과가 떨어졌기 때문이었다.

"왜 사과는 언제나 수직으로 떨어져 내리는 것일까?"

그는 자문했다.

"왜 그것은 옆으로나 위로는 가지 않고, 반드시 지구의 중심을 향하는 것일까?"

그에 대한 대답이 지구가 그것을 끌어당기기 때문임은 의심할 여지가 없다.

이 증언에는 전혀 반론의 여지가 없다. 뉴턴이 사과가 지면에 떨어지는 장면을 목격하고 인력에 관해 생각하게 되었다는 것은 사실인 것 같다.

18세기 말엽이 되자, 울스토르프 정원의 한 사과나무에 '문제의 사과가 떨어진 나무'라는 팻말이 붙여졌다. 이 나무는 1820년경에 완전히 썩어 버렸지만, 그 고목은 정성껏 보존되었다. 그 목재의 일부로 의자 하나가 만들어졌는데 그것은 오늘날까지 남아 있다.

1951년에 링컨셔 에코 신문은 이 유명한 나무의 자손이 현재도 살아 있다고 보도했다. 본래의 나뭇가지에 접붙인 새순을 과수 연구소로 보내어 그 곳에서 몇 번이고 접목을 거듭한 모양이다. 이렇게 새 나무가 만들어져서, 한 그루는 미국으로도 보내졌다. 이 사과는 '켄트의 자랑'이라는 품종으로서, 뉴턴 시대에는 굽거나 삶아 먹는 사과로 인기가 있었다고 한다.

개가 불태운 원고

뉴턴에 관해서는 수많은 에피소드가 전해지고 있다. 그 가운데 소중한 논문 한 편이 화재로 불타 버렸다는 이야기가 있다.

1694년, 51세의 뉴턴이 케임브리지의 트리니티 칼리지에서 교수로 있을 때였다. 그는 그 때까지 20년 동안에 걸친 실험을 종합하는 책을 저술하고 있었다.

어느 겨울날의 이른 아침, 예배를 보기 위해 대학의 교회당으로 가면서 뉴턴은 깜빡 잊고 애견인 '다이아몬드'를 방 안에 가두어 놓은 채 나갔다.

예배를 마치고 방으로 돌아와 보니, 개가 불을 켜 놓은 촛불을 넘어뜨려 실험의 설명을 써 놓은 원고지가 몽땅 불에 타 버렸다. 20년 간에 걸친 작업물이 한 줌의 잿더미로 화해 버렸는데도 뉴턴은 거의 성을 내지 않았다. 그저 "오오, 다이아몬드! 오오, 다이아몬드! 넌 네가 어떤 잘못을 저질렀는지도 모르는구나."라고 중얼거렸을 뿐이었다.

그렇지만 화재로 불탄 원고는 그를 슬프게 한 것은 사실이었다. 더구나 건강 상태도 나빠져서, 한동안은 거의 이성을 잃고 실의에 빠져 지냈다고 한다.

개를 몹시 싫어한 뉴턴

트리니티 칼리지에 있는 뉴턴의 연구실에서 화재가 났고, 방 안에 두었던 귀중한 원고의 일부가 불타 버린 사실에는 확실한 증거가 있다. 그리고 그 무렵에 뉴턴이 극도의 불면증과 함께 중병에 걸려 있었다는 것도 사실이다. 그렇지만 이 병이 그가 원고를 잃은 때문인지는 확실하지 않다. 더욱이 그의 애견인 다이아몬드가 그런 짓을 했다는 사실은 매우 의심스럽다.

뉴턴의 비서는 전혀 다른 일과 관련하여 말하기를, 뉴턴은 개와 고양이를 싫어하여 어느 쪽을 막론하고 방 안에서는 키운 일이 없었다고 밝히고 있다. 만약에 그것이 사실이었다면, 설혹 개가 촛불을 넘어뜨렸다고 해도 그것은 뉴턴의 애견이 아니었을 것이다.

그렇지만 실제로 일어난 일을 가장 잘 알고 있었다고 여겨지는 인물인 주치의 수트크레 박사가 제공한 정보에 의하면, 촛불이 화재의 원인이었던 것은 사실이다. 그는 이렇게 적어 놓고 있다.

뉴턴 박사는 나에게 방 안에 켜 놓았던 촛불 때문에 《광학》의 원고 몇 장이 불탔다고 말한 바 있다. 나는 그가 거의 아무런 고통도 겪지 않고 그것을 재현할 수 있었을 것으로 생각한다. 그러나 만일 그 저작물에 어떤 불완전한 부분이 있었다고 한다면, 그것은 이 사건 때문이었다고 의심해 볼 만하다.

위에서 보다시피, 수트크레는 개에 관해서는 한 마디도 언급하지 않았다.

11

초기의 전기 실험

스 티 븐 그 레 이 의 실 험

놀 레 신 부 의 위 험 한 실 험

라 이 덴 병 의 발 명

템 스 강 을 건 넌 전 기

고대 그리스의 철학자들은 호박을
문지르면 밀짚이나 마른 나뭇잎의 작은 부스러기들을 끌어
당긴다는 사실을 알고 있었다. 그러나 엘리자베스 1세
(Elizabeth I, 1533년~1603년)의 시대에 윌리엄 길버트(William Gilbert,
1544년~1603년)가 유명한 실험을 하기까지는 그 지식이 거의 활용되지
않았다.

호박(琥珀)이란?
나무의 진이 화석화된 것.

길버트는 호박과 같은 성질을 가진
물질이 그 밖에도 여럿 있다는 사실을
발견했다.■ 그래서 호박을 뜻하는 그
리스 어 '일렉트론(electron)'과 관련지어
그런 물질들을 '일렉트릭(electric)'이라
고 통틀어 일컬었다. 그는 호박이라든

이렇게 물체끼리 마찰하였을 때 생기는 전기는
이동하지 않는다고 하여 '정전기'라고 한다. 유
리 막대를 비단천으로 문지르면 유리 막대에 양
전기가 생기고, 에보나이트 막대를 털로 문지르
면 에보나이트 막대에 음전기가 생긴다.

가 자석을 사용하여 숱한 실험을 하였다. 그 가운데에는 매우 재미있
는 실험도 있어서, 여왕 앞에서 실험해 보라는 명을 받기도 했다.

이와 같은 새로운 분야에서 길버트의 연구는 굳건히 토대를 구축하
였다. 그리고 18세기에 접어들자 급격한 발전을 이루었다. 훗날에 이
분야는 '전기' 및 '자기'라고 불리고, 현대에는 '전자기학(電磁氣學)'이

라고 일컬어지게 되었다.

스티븐 그레이의 실험

18세기에 실시된 실험 가운데서 특히 재미있는 것은, 채터하우스의 스테판 그레이(Stephen Gray, 1670년경~1736년)가 시도한 실험이었다. 1720년부터 1730년에 걸쳐서 극히 간단한 장치를 사용하여 물질 가운데에는 전기가 통하는 것과 통하지 않는 것이 있다는 사실을 증명했다.

이와 같은 실험에서 그레이는 길이 약 1m에 지름 1인치의 유리관을 마찰하여 '전하'를 얻었다. 대전된 유리관은 조그만 깃털과 금속박의 조각 등을 끌어당겼다. 또 손을 대면 따끔따끔 자극을 느끼게 했다.

그레이의 초기 실험에 쓰인 주요 장치는 든든한 바느질 실을 기다랗게 늘인 '노끈'이었다. 천정에 명주실의 고리를 나란히 매달고, 거기에 이 실을 꿰어 공중에 수평으로 늘어뜨렸다. 다음에는 대전한 유리관을 실의 한 끝에 대고, 실의 다른 한 끝에는 조그만 깃털을 가까이 가져갔다. 그러자 깃털은 실 끝으로 끌려갔다. 이를 관찰한 그레이는 전기가 유리로부터 약 300피트의 실을 지나 깃털까지 전도(傳導)된 사실을 알게 되었다.

다음에는 명주실 고리 대신 철사 고리를 천장에 매달았다. 여기에 노끈을 꿰어 똑같은 실험을 되풀이했는데, 전하는 노끈의 다른 끝까지 전도되지 않았다. 분명히 철사 고리는 명주실의 고리와는 달랐다. 그 까닭은 전기가 실을 받치고 있는 철사까지 왔을 때, 전기는 그것으로 전도되어 철사의 고리가 붙어 있는 천장의 목재로 흘러가 버렸기 때문이었다. 즉, 전기는 철사를 타고 천장으로 옮겨져, 그 곳에서 '잃어버린' 것이다. 이와 달리 첫 번째 실험에서는 전기가 명주실로 전도되지 않았음을 알 수 있다.

그레이는 더 나아가 전기의 전도와 '절연'에 관하여 일련의 실험을 하게 되었다. 그레이는 이 실험에서 일상 생활에 쓰이는 도구를 사용했다. 예컨대 명주실의 한 끝을 천장에 매달고, 다른 한 끝에는 부엌에서 쓰는 쇠부지깽이 손잡이를 매달았다. 다음에는 대전된 유리관을 쇠부지깽이 손잡이에 대고, 쇠부지깽이 끝에 깃털을 가까이 가져가 보았다. 이 경우에도 역시 깃털은 쇠부지깽이 끝으로 끌려갔다. 이와 같은 현상으로 그레이는 쇠부지깽이가 전기를 전도한다는 사실을 확인할 수 있었다.

그레이가 이렇게 명주실에 매단 물품을 살펴보면 부젓가락, 구리 주전자, 소고기, 쇠 주전자, 시뻘겋게 달군 쇠부지깽이, 세계 지도, 새끼 날짐승 따위였다. 각기 한 끝을 대전시켜서 전기가 그 물체를 통과하는가를 실험한 것인데, 이 실험을 통하여 모든 물질을 '도체'와 '절연체'로 나눌 수 있었던 것이다.

그레이는 연구의 재능이 풍부한 사람이었다. 그의 궁금증은 '사람의 몸에도 전기가 통할까?' 하는 데까지 이르렀다. 그래서 그는 자기가 데리고 있는 소년 사환을 상대로 실험을 해 보기로 했다.

매우 튼튼하고 긴 명주실을 두 가닥 마련하여 각각의 끝을 천장에 매달았다. 그 명주실이 아래로 고리를 이루고 늘어지게 한 다음, '고분고분하고, 선량하며, 건강한 소년' 인 사환을 매달았다.

먼저 이 소년을 마루에 엎드려 뉘어 놓고, 명주실의 고리 하나에 두 발을 넣고, 또 하나의 고리에는 어깨를 넣었다. 그런 다음에 명주실을 잡아당겼더니 소년의 몸은 수평을 유지한 채 공중으로 끌어올려졌다.

그레이는 유리관을 마찰해서 대전시킨 뒤, 그것을 소년의 발바닥에 갖다 대었다. 그러고는 소년의 머리에 손을 대어 보니 따끔한 자극을 느낄 수 있었다. 이렇게 해서 그는 전기가 소년의 발끝에서 머리끝까지 전도되었다는 사실을 알게 되었다.

또다른 간단한 실험이 있었다. 쇠막대를 한 손에 들고 그에 달라붙지 않도록 조심하며 대전한 유리 막대기를 가까이로 가져가 보았다. 전기는 두 막대기 사이에서 불꽃을 튀기며 건너뛰어 매우 작은 폭발 소리를 내었다.

오늘날의 우리는 왜 이와 같은 현상이 일어났는지를 잘 알고 있다. 그러나 그 시절에는 이러한 현상이 대단히 신기한 일이었다. 그리고 그레이의 시대가 지나서 한참의 시간이 흐른 뒤에도 전기란 불꽃이나 따끔거리는 자극을 뜻할 뿐이었다. 그 누구도 실용적인 면에 전기를 사용할 생각을 하지 않았다.

초기의 전기 실험

놀레 신부의 위험한 실험

그레이가 우둔할 만큼 착하고 건장한 소년을 실험에 참가시킨 이야기는 프랑스의 과학자이자 신부인 놀레(Jean Antoine Nollet, 1700년~1770년)의 주목을 끌었다. 놀레 신부는 자신도 그 실험을 거듭해 보기로 했다.

놀레 신부도 한 소년을 명주실에 매달았다. 소년은 조그맣게 자른 금속박을 얹은 테이블 위에 손을 내뻗치고 있었다. 대전한 막대를 소년의 몸에 대자, 금속박은 테이블 위에서 뛰어올라 소년의 손에 찰싹 달라붙었다. 구경꾼들은 그 광경을 보고 전율을 느꼈다.

또 하나의 실험에서는 동료 과학자를 수평으로 매달아 놓고, 대전한 유리 막대를 그의 발에 대었다. 다음에는 신부 자신의 손을 동료의 얼굴 위 1인치 높이에 가져갔다. 그 순간, '풋' 하는 짧고 날카로운 소리가 나고, 둘 다 바늘로 찔린 듯한 가벼운 아픔을 느꼈다. 어두운 방 안에서 이 실험을 되풀이해 보니, 불꽃이 동료의 얼굴로부터 신부의 손으로 날아가는 광경을 볼 수 있었다.

두 과학자는 모두 결과를 예상하고는 있었지만, 너무나 신기했다. 놀레 신부는 후일에 말하기를 "인체에서 끌어 낸 불꽃이 마음 속에 불러일으킨 그 때의 흥분은 평생 잊을 수 없을 것이다."라고 했다.

라이덴병의 발명

1740년 무렵까지는 전기 실험을 하기 위해 유리 막대나 유리관을 손으로 비벼서 전기를 얻어야 했다. 꽤 오래 전에 **기전기**가 발명되었지만, 널리 보급되지 않았기 때문이다.

전형적인 기전기는 유리 원통을 받침대에 얹어 놓고 핸들을 장치한 것으로서, 명주로 된 쿠션이 유리 원통을 가볍게 누르게끔 고정되어 있었다. 핸들을 돌리면 원통이 회전하여 쿠션과 비벼지고 그 마찰로 전기를 띠게 된다. 다음에는 기계와 대전된 물체 사이에 기다란 쇠붙이관을 건네고, 양쪽 모두 관에 닿게 하여 전기를 물체에 옮긴다. 어느 과학자는 이 목적을 위해 총신(銃身)을 사용하기도 했다.

1746년, 네덜란드 라이덴(Leiden) 대학의 뮈셴부르크(Pieter van Musschenbroek)는 대전한 물체를 그대로 놓아 두면 곧 전하를 잃고 마는 현상을 관찰했다. 그리고 대전한 물체를 절연체로 완전히 감싸면 전하의 상실을 방지할 수 있지 않을까 하는 착상을 했다. 그는 이 생각을 실험해 보고자, 유리병에 넣은 적은 분량의 물을 대전시키기로 했다.

우선 총신의 한 끝에 주석으로 된 사슬을 장치하고, 다른 한 끝은 기전기에 접속시켰다. 조수 노릇을 한 또 하나의 과학자 크네우스(Cunaeus)는 물을 넣은 병을 들고 있다가 주석의 사슬이 물 속으로 잠기게 했다. 이윽고 뮈셴부르크는 기계의 핸들을 돌렸다. 발생한 전기는 총신에 전도되어 주석 사슬을 통해 내려간 뒤 물 속으로 들어갔다.

잠시 후, 여전히 병을 들고 있던 크네우스는 무심코 다른 손으로 총신을 만졌다. 순간 그는 마치 벼락을 맞은 듯한 충격을 받았다. 팔과 다리는 마비되어 한참 동안이나 움직일 수가 없었다. 마비는 몇 시간 뒤에야 가셨다.

얼마 뒤, 뮈셴부르크는 이 때 있었던 일의 경위를 어느 유명한 프랑스의 과학자에게 써 보냈다.

프랑스 왕국 전부를 나에게 준다 한들, 두 번 다시 그런 충격을 받고 싶지 않다.

그러면서 수신자에게 "이 실험은 참으로 무서운 것이니 절대로 시도해서는 안 된다."고 덧붙여 말했다.

이렇게 지극히 불쾌한 체험에도 불구하고, 뮈셴부르크와 그의 동료는 전기를 물병 속에 저장할 수 있다는 매우 중요한 발견을 이룬 것에 기뻐하였다.

물병은 얼마 뒤에 보다 사용하기 편리한 양식으로 개량되었다. 주석의 사슬을 밖으로 늘어뜨린 방식도 폐지되었다. 그 대신 병에는 코르크가 끼워졌고, 코르크에 주석 막대가 꿰어졌다. 막대의 꼭대기에는 둥그런 손잡이가 달리고, 아래쪽 끝에 짤막한 주석 사슬이 매달려서

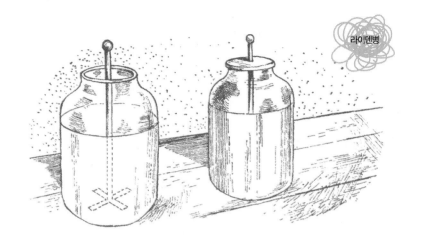

라이덴병

물에 잠겨졌다. 충전할 때는 주석의 손잡이를 기전기에 전기적으로 접촉시켰다.

1748년에는 병 속의 물도 자취를 감추고, 병 속은 내부를 두른 금속박으로 대체되었다. 바깥쪽 표면도 그림에서 보듯이 같은 높이까지 둘레를 금속박으로 둘렀다. ▪

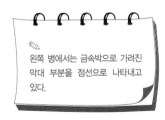

왼쪽 병에서는 금속박으로 가려진 막대 부분을 점선으로 나타내고 있다.

라이덴병의 발명에 관한 다른 형태의 이야기도 있다. 또 한 사람의 과학자인 폰 클라이스트(Edwald Georg von Kleist, 1700년~1748년)는 뮈센부르크와 거의 같은 시기에 라이덴병과 같은 형식으로 축전에 성공했다. 그럼에도 불구하고, 이 병은 '라이덴병'이라는 이름으로 불리게 되었다.

템스 강을 건넌 전기

라이덴병은 충전한 뒤에는 매우 주의 깊게 다루지 않으면 안 되었다. 이것을 손바닥에 들고 있을 때, 손잡이를 잡으면 누구나가 전기 충격을 받았다. 전기가 병에 가득 충전되어 있을수록 충격은 더욱 심했다. 병의 밑바닥 바깥 면에 철사 한 끝을 댄 상태에서, 다른 한 끝을 주석의 핸들에 닿을락 말락 하게 접근시키면, 불꽃이 튀며 '펑!' 하는 소리를 낸다.

뮈셴부르크의 실험 내용이 발표되자, 세상 사람들은 매우 흥분했다. 자연과 철학의 경이로움을 구경하려고 군중이 모여들었고, 불가사의한 병의 수수께끼라면 무엇이든지 알고 싶어하였다. 일부 질이 좋지 않은 사람들은 마술사와 같은 차림새를 하고 이 마을 저 마을을 돌아다니며 조잡한 실험으로 병에서 불꽃을 일으켜 시골 사람들을 현혹시키기도 했다.

그런 가운데서도 과학자들은 라이덴병이 과학에 크게 공헌한다는 사실을 깨닫고 있었다. 전기가 새로운 연구 주제로 한창 관심을 모으고 있을 때 라이덴병이 발명되었기 때문이었다.

특히 프랑스의 과학자 놀레 신부는 라이덴병을 사용하여 수많은 실험을 거듭하였다. 이로써 전기가 전도되는 거리라든가, 물질의 종류, 또는 전기가 움직이는 속도 따위들을 계측할 수 있었다.

놀레 신부의 실험 가운데 두 종류는 국왕을 비롯한 고관, 귀빈들이 지켜보는 앞에서 실시되었다. 그 날, 프랑스 왕과 궁정의 중신들이 관람하는 가운데 180명의 근위병들은 서로가 손을 맞잡고 둥글게 원을 만들었는데 단 한 군데만 연결되지 않았다. 놀레 신부는 손을 맞잡지 않은 한쪽 병사에게 충전한 라이덴병의 밑바닥 면을 잡고, 다른 쪽 끝 병사에게는 라이덴병의 핸들을 재빨리 잡도록 명령했다.

모든 병사가 부동 자세로 손과 손을 맞잡고 섰을 때, 드디어 두 병사는 명령대로 라이덴병의 밑바닥과 핸들을 잡았다. 그 순간 병사들은 하나도 남김없이 심한 전기 충격을 받았다. 마치 180명 전원이 한 덩이인 양 몸을 떨면서 일제히 쓰러졌다. 그토록 많은 병사들이 명령 하나로 그토록 빨리, 그토록 일제히 반응하는 동작을 보인 것은 전례가 없는 일이었다.

라이덴병

얼마 뒤, 놀레는 또 하나의 실험을 실시했다. 그 실험은 파리 카르트 교단의 대수도원에서 실시되었다. 이번에는 수사 전원이 모인 가운데 각자의 손과 손 사이에 철사를 건네어 길이 1마일 이상의 원을 만들었다.

그 원의 한 군데는 앞서의 실험 때처럼 떼어 놓고, 그 한쪽 수사로 하여금 라이덴병의 밑바닥을 잡게 하였다. 신호가 울리자,

다른 한쪽의 수사는 라이덴병의 핸들에 손을 대었다. 순간, 전원이 짜릿한 전기 충격을 느끼고, 모두가 하나같이 발을 구르며 어쩔 줄을 몰라 하였다.

영국에서도 이와 같은 새로운 발견이 관심의 대상이 되었다. 소수의 뛰어난 과학자들이 공개 실험을 관찰하고 보고하기 위한 위원회를 만들었다.

1747년 7월 14일, 그들은 국회 의사당 가까이에 있는 웨스트민스터 다리(Westminster Bridge) 위에 모여서 실험에 착수했다.

먼저 다리의 한 끝에서 건너쪽까지 철사를 건넸다. 길이는 약 4분의 1 마일이 되는데, 철사의 양끝은 다리 위에서 강의 기슭까지 늘어뜨려져 있었다. 한쪽의 기슭에는 충전한 라이덴병을 손에 든 사람 A가 한 손으로 그 밑바닥을 쥐고 섰다. 병의 핸들은 철사에 매어져 있었으며, 또 한손은 쇠막대를 잡고 있는데, 그 끝은 냇물에 담가 놓고 있었다. 강의 저쪽 기슭에는 또 한 사람 B가 서 있는데, 그의 한 손은 철사를 쥐고 또 한손으로는 쇠막대를 쥐고 있었다.

이윽고 신호가 울리자, 건너쪽에 서 있던 사람 B가 쇠막대를 냇물에 꽂았다. 동작이라고는 단지 그것뿐이었는데, 그 순간 강을 사이에 두고 마주 서 있던 두 사람 모두가 전기 충격을 받고 고통을 느껴야 했다. 전기는 일순간에 A가 들고 있던 라이덴병의 핸들로부터 철사를 타고 다리를 건너왔을 뿐만 아니라, 이쪽 기슭에 서 있었던 B의 몸을 통해 쇠막대를 타고 물 속으로 들어가고, 나아가서는 너비 4분이 1 마일

144

이나 되는 강물을 건너서 A가 물에 담근 쇠막대를 통해 그에게 전도되어, 다시 A의 몸을 통해 라이덴병으로 되돌아간 것이었다.

전기가 템스 강과 같은 넓은 강을 번개처럼 순식간에 통과할 수 있다는 발견은 절대적인 것이었다. 그 놀라움은 도저히 믿을 수 없는 기적같이 여겨졌다.

이 실험에 이어서 비슷한 실험이 공개적으로 실시되어, 전기가 길이 수 마일의 회로조차 눈 깜짝할 사이에 흐른다는 사실이 밝혀졌다. 이와 같은 갖가지 실험은 영국을 비롯한 유럽의 여러 나라들뿐만 아니라, 대서양 건너의 미국에서도 주목을 끌었다. 그 경위는 다음 장에서 살펴보기로 한다.

어느 유명한 정치가의 연날리기

앞에서 말한 전기 실험 소식은 북아메리카의 영국 식민지 사람들에게도 전해졌다. 1747년에 런던에서 필라델피아 문학가 협회로 보낸 편지 한 통에는 전기에 관한 최초의 연구 사례가 몇 가지 소개되어 있었다. 그 편지를 쓴 사람은 당시 런던에서 전기 실험에 자주 사용된 유리 막대 하나를 보내 주기도 했다.

프랭클린과 달리바르

필라델피아에 살고 있었던 나이 40세의 인쇄업자 벤저민 프랭클린 (Benjamin Franklin, 1706년~1790년)은 전기 실험에 깊은 흥미를 느꼈다. 그래서 그 밖에도 가능한 실험을 여러 가지 착상해 냈다. 그는 그 가운데 일부를 실지로 해 보고, 손수 해 보지 못한 것도 다른 과학자가 실험해 볼 수 있게끔 자세히 적었다. 프랭클린은 이렇게 자신이 실시해 본 실험과 자신이 고안한 실험 전부를 구체적으로 적어 런던으로 편지를 보냈다. 그 편지 속에는 번개와 전기가 여러 면에서 비슷하다는 생각도 들어 있었다.

프랭클린이 전기에 관해 쓴 편지는 대단한 평가를 받고 프랑스 어로 옮겨지기도 하였다. 어느 유명한 과학자는 그 번역서의 사본을 입수하였으나, 그 번역이 너무 서툰 것이어서 달리바르(D'alibard)라는 동료 과학자에게 고쳐 옮기기를 부탁했다.

달리바르는 그 작업을 하는 과정에서 편지의 내용에 흥미를 품게 되었다. 그래서 프랭클린이 편지에 적기는 했지만 실시해 보지 못한 실험 하나를 손수 해 보자는 의욕이 솟구쳤다. 그 실험은 번갯불이 전기를 닮았다는 사실을 증명하기 위해 구름 속에서 나오는 번갯불을 땅 위까지 끌어내리는 실험이었다.

1752년 봄, 달리바르는 코와피에(Coiffier)라는 병사 출신의 늙은이 하나를 고용했다. 그는 제대한 몸으로 목수 일을 하고 있었다.

코와피에는 실험에 소요되는 장치를 만들라는 지시를 받고, 파리에서 15마일쯤 떨어진 마르리 라 빌(Marly-la-Ville)이라는 마을로 갔다. 그는 이 마을의 한 오두막집에서 그 장치를 꾸몄다. 그 장치란 '전기 의자'였다. 그런데 그 전기 의자라는 것이 그저 나무 널빤지로 만들어진 단순한 모습이었다. 그것도 다리 대신 포도주 병 세 개를 세우고, 그 위에 널빤지를 얹어 놓기만 한 것이었다. ▪

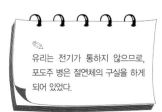

✎
유리는 전기가 통하지 않으므로, 포도주 병은 절연체의 구실을 하게 되어 있었다.

그 밖의 장치로는 약 40피트 길이에 지름 1인치의 쇠막대가 있었다. 쇠막대를 의자에 매어 놓고, 그 한끝을 공중으로 높이 뻗치게 해 놓았다.

달리바르가 이 늙은 병사 출신을 고용한 데에는 물론 까닭이 있었다. 지혜와 용기를 믿을 수 있기 때문이었다. 달리바르는 그에게 첫 천둥 소리가 나자마자 즉각 이 오두막집으로 달려가서 실험을 실시하게 하였다.

먼저 주석으로 된 철사줄의 한 끝을 유리병(절연체) 속에 끼워서 손에 들고 있어도 감전되지 않게 한 것을 코와피에의 손에 건네주고는, 이 철사줄을 쇠막대 곁에서 들고 있으라고 명했다.

1752년 5월 10일 오후 2시부터 3시 사이, 코와피에는 '우르릉' 하는 천둥 소리를 듣고 오두막집으로 달려갔다. 그는 주석 철사줄을 들고 쇠막대 가까이로 접근시켰다. 순간 '펑!' 하는 소리가 나며 눈이 멀 정도로 밝은 불꽃이 쇠막대에서 철사줄로 튀었다. 이어서 그는 둘째 불꽃을 끌어 냈는데, 첫째 불꽃보다도 더 밝고 소리도 컸다.

실험에 앞서서 달리바르는 어떤 이상이 있으면 즉시 신부님을 불러서 관찰한 것을 점검받도록 일러 두었었다. 그 지시에 따라 코와피에는 신부님을 모셔 왔다. 신부님은 미리 약속된 대로 만사를 제쳐 두고 오두막집으로 달려갔다.

오두막집에서 '펑!' 하는 소리를 들은 주민 가운데 몇몇은 신부님이 허겁지겁 오두막집으로 달려가는 모습이 눈에 띄자 "코와피에가 벼락을 맞아 죽었나 보다." 하고 수군거렸다.

소문은 온 마을에 퍼졌다. 천둥이 치더니 우박까지 내리기 시작해서 날씨는 더욱더 험악해져 갔다. 그러나 마을 사람들은 신부님이 코와피에의 **병자 성사**를 집전하는 모습을 보려고 뒤따라갔다.

병자 성사란?
위급하게 앓고 있는 신자의
고통을 덜어 주고 구원받기를
기도하는 성사.

그런데 막상 오두막집에 이르러 안을 들여다보았더니 신부님이 죽어 가는 사람 곁에서 기도를 드리고 있기는커녕, 손에 철사줄을 잡고 그 한 끝을 쇠막대에 갖다 대려 하고 있지 않은가.

다음 순간, 철사줄과 쇠막대의 사이에는 길이 1인치 반 가량의 파란 불꽃이 튀고, 아울러 독한 유황 냄새가 났다. 그와 함께 또 한 번 섬광이 튀더니, 그것이 신부님의 팔에 맞았다. 신부님은 아픔을 못 이겨 비명을 질렀고, 구경꾼들도 크게 놀라서 야단법석을 피웠다.

문제는 신부님의 팔이 철사줄보다도 쇠막대기에 더 가까웠던 데 있었다. 신부님이 소매를 걷어 보자 맨살을 철사로 후려쳤을 때와 같은 상처가 뚜렷이 나타나 있었다. 신부님 가까이 다가선 마을 사람들은, 그의 몸에서 풍기는 독한 유황 냄새를 맡을 수 있었다.

이 실험의 소문은 급속히 퍼져, 며칠 뒤에는 국왕의 분부에 따라 똑같은 실험이 파리에서 실시되었다. 국왕은 그 불꽃을 보고 매우 만족스러워했다고 한다.

프랭클린의 연날리기

1752년이라는 그 시기에는 뉴스의 전달이 지극히 느렸다. 그 때문에 프랭클린은 바다 건너에서 이런 공개 실험이 있었다는 사실은 까맣게 모르고 있었다.

프랭클린은 자기도 그 같은 실험을 손수 해 보기로 결심했다. 실험을 위하여 프랭클린은 높은 건물 꼭대기에 기다란 막대를 세우게 했다. 그것이 완성되기를 기다리는 동안 문득 다른 생각이 들었다. 어린이들이 흔히 가지고 노는 종이연은 어떤 빌딩보다도 높이 올릴 수 있다고 깨닫게 된 것이다. 프랭클린은 즉시 연을 만들기 시작했고, 이것은 과학의 역사에서 가장 유명한 연이 되었다.

먼저 전나무를 가늘고 길게 베어서 두 개를 십자 모양으로 묶고, 큼직한 손수건의 네 귀퉁이를 잡아매어 연을 만들었다. 세로로 된 나무에는 긴 철사를 매되, 연의 윗가장자리보다 약 1피트 위로 삐져 올라가게 했다. 연을 날리는 데는 긴 삼줄을 쓰기로 했는데, 구름에서 끌어낸 전기가 축축한 밧줄을 통해 손에 전해지면 그것을 쥐고 있는 사람은 심한 충격을 받을 거라고 추측했다.

그래서 프랭클린은 손에 쥐는 삼줄 끝에 비단 리본을 매고, 삼줄과 리본의 이음매에 큼직한 쇠열쇠를 매달았다. 부도체인 비단 리본을 손에 쥐되, 그 비단 리본이 비에 젖지 않게끔 지붕 밑에서 연을 날리면 전기 충격을 받지 않을 거라고 생각했다. 손가락 관절을 열쇠 가까이 대 보면, 삼줄에 전기가 흘러내려왔는지를 식별할 수 있다. 손가락 관절과 열쇠 사이에 불꽃이 튀고 충격이 느껴지면 전기가 삼줄을 타고 전도되었음을 확실히 알 수 있을 것이었다.

산소를 발견하고, 더불어 전기 실험도 실시하여 책도 남긴(화학편 제14장 참조) 프리스틀리(Joseph Priestley, 1733년~1804년)는 이 실험에 대해 다음과 같은 글을 남겼다.

프랭클린은 천둥이 치고 비가 내리자, 프랭클린은 오두막집이 있는 벌판으로 걸어갔다. 그 날이야말로 실험에 적합한 날씨였던 것이다. 그러나 프랭클린은 실험이 성공하지 못한 경우에 받게 될 세상 사람들의 비웃음이 두려웠다. 그래서 자신이 계획한 실험을 아들 외에는 어느 누구에게도 알리지 않았다. 아들은 아버지와 같이 가서 연날리기를 도왔다.

1752년 6월의 어느 날, 프랭클린과 그의 아들은 비단 리본과 쇠 열쇠가 비에 젖지 않게끔 오두막집 문 안으로 들어갔다. 그리고 비를 피하며 연을 날렸다. 이와 관련해 프리스틀리는 말했다.

연은 올라갔으나 그것이 대전되었다는 징조가 나타나기까지는 꽤 시간이 걸렸다. 기다리고 기다리던 구름 한 무리가 머리 위를 지나갔으나, 아무런 효과도 없었다.
그가 끝내 자신의 시도를 포기하려고 체념할 때쯤, 삼줄에 전류가 흘러내리고 있음을 나타내는 징조가 보였다. 그는 즉시 손가락의 관절을 쇠열쇠로 가져갔는데, 그의 발견은 완전했다. 그 순간, 그가 얼마나 큰

연을 날리는 프랭클린과 그의 아들

기쁨을 느꼈는가는 독자의 판단에 맡긴다. 참으로 선명한 전기 불꽃이
눈앞에서 번쩍했던 것이다.

프랭클린 자신도 이 실험에 대해 적은 바 있다.

전기의 불꽃은 열쇠를 통해 손가락의 관절로 듬뿍 흐르고 있었다.

그림은 프랭클린과 그 아들이다. 아들의 나이는 23세, 흔히 알고 있듯 어린아이는 아니었다. 이 그림에서 프랭클린은 손가락의 관절을 쇠열쇠에 접근시켜서 수많은 불꽃을 얻어 내고 있다. 그는 그 뒤에 라이덴병의 손잡이를 쇠열쇠에 대어 충전하였는데, 병의 대전 상태는 보통 방법으로 충전했을 때와 다름이 없었다.

이렇게 해서 프랭클린은 전기와 번갯불이 같음을 밝혀 내었다.

피뢰침의 발명과 리히만의 죽음

프랭클린은 실제적인 사람이어서, 번갯불을 구름에서 땅 위로 끌어낼 수 있다는 발견을 다음과 같이 응용하기로 했다.

하느님은 자애로우심으로 인간이 사는 집이 천둥과 번갯불로 인해 부서지거나 사람이 다치는 위험에서 피하는 방법을 가르쳐 주셨다. 그 방법이란 이런 것이다. 먼저 가느다란 쇠막대를 마련한다. 쇠막대의 한 끝은 축축한 흙 속에 3피트에서 4피트 정도 묻고, 또 한 끝은 건물의 가장 높은 부분에서 6피트 내지 8피트 위로 솟구쳐 오르도록 한다. 막대 위에는 보통 쓰이는 바느질 바늘 굵기로 길이 약 1피트의 주석으로 된 철사를 장착한다. 이렇게 장치한 건물은 번갯불의 피해를 받지 않을 것이다. 번갯불은 바늘의 위쪽 끝으로 끌려들어왔다가 쇠붙이를 통해 지면으로 흘러들어가, 어느 누구에게도 상처를 입히지 않게 된다.

프랭클린은 번갯불이 쇠막대를 통해 전도되어 내려갈 때 그 쇠막대에 닿거나 접근하면 매우 큰 위험을 초래한다는 사실을 알고 있었다. 또 연을 올릴 때 사용한 축축한 삼줄에 손을 대거나 바싹 다가가도 위험이 생긴다는 것도 알고 있었다. 그러나 이 사실은 1753년에 이르러서야 비로소 비극적인 형태로 과학자들에게 널리 알려졌다.

그 해에 리히만(Georg Wilhelm Richmann, 1711년~1753년) 교수는 상트페테르부르크에서 실험을 하다가, 구름에서 얻어지는 전기를 연구하기 위해 한 장치를 만들었다. 그 날 뇌우가 접근하자, 그는 자신의 장치를 조사하려고 장치와 약 1피트 떨어진 곳에 머리를 내밀고 서 있었다. 리히만을 지켜봤던 조수는 그 일을 이렇게 말했다.

갑자기 주먹만 한 크기의 파란 불덩이가 장치에서 교수의 머리를 향해 날아왔다. 그 불덩이와 더불어 권총을 발사했을 때와 같은 커다란 폭발음이 나더니, 장치는 산산조각이 나서 방 안으로 흩어졌다. 문 자체가 돌쩌귀 채 떨어져서, 방 안으로 튕겨 들어왔다. 교수는 즉사하고,

왼발에는 푸른 상처가 나 있었다.

급히 불러온 의사의 말처럼, 벼락은 교수의 머리로 들어와서 왼발로 다시 빠져나간 것으로 보여진다.

제12장에서 말한 실험은 모두 대단히 위험한 것이므로 절대로 따라 해서는 안 된다. 코와피에와 신부 및 프랭클린은 참으로 운 좋게 피해를 모면한 것이다.

화약고에 떨어진 벼락

피뢰침은 당시에 '프랭클린의 막대(Franklin's rods)'라고 불렸다.

1753년 이래, 수많은 피뢰침이 미국에서 세워졌고, 곧 영국으로도 퍼졌다. ■ 에디스턴(Eddystone) 등대는 천둥의 피해를 막기 위하여 1760년에 피뢰침을 설치하였고, 그 밖의 여러 곳에서도 피뢰침의 사용에 관하여 프랭클린의 도움말을 구하게 되었다. 1769년에는 건축물을 번갯불의 피해에서 보호하는 문제에 관하여 런던의 세인트폴 대사원의 원장과 그 사제단이 만든 위원회에서 지도적 멤버가 되었다.

1772년, 이탈리아에서 화약고가 벼락을 맞아 파괴된 사건이 일어났다. 그 뒤 프랭클린은 파프리트(Purfleet)에 있는 영국의 화약고 방호 자문 위원회의 위원으로 임명되었다. 이 위원회의 일부 회원은 피뢰침의 끝을 둥글게 하거나 평평하게 자른 피뢰침을 사용하도록 권하였다. 프랭클린은 그에 맞서 뾰족한 것을 사용해야 한다고 주장하고, 그것이 효과적임은 미국의 경험으로 이미 밝혀졌다고 강조했다. 이 결과 프랭클린의 조언이 채택되어 뾰족한 피뢰침이 설치되었다.

얼마 뒤, 공교롭게도 그 화약고에 벼락이 떨어졌다. 그러나 피해는 근소했고 화약은 폭발하지 않았다.

정치가로서의 프랭클린

지금가지의 이야기에서는 과학자로서의 프랭클린을 다루었다. 이제부터는 주로 정치가로서의 그의 업적을 다루기로 한다.

18세기 중엽 무렵, 북아메리카의 동해안에는 250만 명의 인구가 살고 있었다. 그들 대부분은 1세기, 또는 그 이전에 유럽을 떠난 초기 이주민들의 자손이었다. 초기 이주민들이 고국을 떠난 이유는 가지가지였다. 종교의 자유를 찾아 온 사람들도 있었고, 유럽에서보다 더욱 자유로운 삶을 영위하고 싶어서 아메리카 대륙으로 옮겨 온 사람들도 있었다.

그들은 각기 다른 13개의 식민 지역 또는 거류지에 살고 있었다. 어느 곳이나 자치가 널리 행해지고 있었지만, 모두 영국의 식민지며, 따라서 주민은 영국 국왕의 신하였다. 이러한 상태가 지극히 불만족스러운 것이었음은 오늘날 이미 역사적 사실로 증명되었다.

1776년 7월 4일, 당시 영국의 식민지 상태에 있던 13개의 주가 서로 모여 독립을 선언하였다. 오늘날 미국에서는 7월 4일을 독립 선언일로 삼아 축제를 벌인다. 독립 선언이 있은 후 약 8년 간에 걸친 싸움이 있었고, 1783년 9월 3일에야 비로소 미국은 영국과 프랑스로부터 파리 조약을 거쳐 완전한 독립을 인정받게 되었다.

1776년, 이들 식민지는 본국으로부터 독립하기로 작정하고 마침내 아메리카 합중국을 탄생시켰다. 몇 해 전부터 식민지 주민들과 그 땅에 주둔하는 영국 군대 사이에 자주 분쟁이 일어나고 있었다. 그러더니 1776년의 '독립 선언' ▪ 뒤로는 급기야 전쟁 준비가 활발히 진행되었다.

이윽고 심한 전투가 벌어지고, 1783년에는 영국이 식민지에 대한 독립을 인정하지 않을 수 없게 되었다.

벤저민 프랭클린은 이 때 매우 적극적으로 활약했다. 그는 1776년 7월 4일의 독립 선언에 서명한 5인의 식민지 정치가 중 한 사람이기도 했다. 독립 선언은 "이들 연합한 식민지는 자유롭고 독립적인 주(州)이며, 마땅히 그러하여야 한다. 그들은 영국 국왕에 대한 온갖 충성, 복종의 의무에서 해제된다. 영국과의 사이에 모든 정치적 연결은 해소되며, 마땅히 그래야 한다."라는 사항에 결의했다. 이리하여 아메리카 합중국이 태어난 것이다.

과학자의 신념

전쟁으로 말미암아 영국인들의 국민 감정은 크게 변화했다. 아메리카의 반역자, 특히 그 지도자인 프랭클린에 관계된 것이라면 무엇이건 혐오스러운 것이 되었다.

이쯤 되자 뾰족한 피뢰침을 쓰는가, 뭉툭한 피뢰침을 쓰는가의 논쟁도 양상을 달리하게 될 수밖에 없었다.

처음부터 프랭클린은 뾰족한 피뢰침을 권하였다. 따라서 뾰족한 피뢰침 사용을 지지한 사람들은 자칫 반역자로 낙인 찍힐 위험성도 있게 되었다. 조지 3세는 이러한 움직임의 선두에 서서 "뾰족한 피뢰침은 반역자가 권장한 것이니, 정부의 화약고라든가 궁전에서 제거하고, 뭉툭한 피뢰침으로 대체하라."고 명령하기에 이르렀다.

이것은 왕실뿐만 아니라 일반 국민들의 생각이었다. 그러나 과학자들은 정치가 그들에게 영향력을 미치는 것을 허용하지 않았다. 국왕은 피뢰침을 바꾼 것만으로는 성이 차지 않아서, 왕립 학회의 회장에게 압력을 가하여 뭉툭한 피뢰침이 뾰족한 것보다 더 안전하다고 선언케 하려 하였다. 그러나 회장인 프링글(Sir John Pringle, 1707년~1782년)은 그 요구를 거부하며 왕에게 이렇게 답했다.

"신은 언제나 폐하의 소망을 수행하고 싶은 생각이 간절하오나, 자연의 법칙과 운행에 반하는 짓을 할 수는 없습니다."

참된 과학자는 비록 국왕의 요청일지라도 과학적으로 잘못되었다고 믿는 것을 억지로 긍정하기를 거부하는 법이다.

그 무렵, 프랭클린은 반역한 식민지의 대표로서 프랑스에 와 있다가, 피뢰침 교체에 대해 듣고 이렇게 말했다.

"국왕이 뾰족한 피뢰침을 뭉툭한 것으로 교체한 일은 나에게 아무런 문제도 아니다. 국왕이 어떤 종류의 피뢰침도 사용하기를 거부했으면 좋겠다. 왜냐하면 국왕과 같은 인간은 벼락을 맞아 죽는 편이 낫기 때문이다. 까닭인즉, 왕은 자신과 그의 가족이 하늘이 내린 벼락에 맞을 리 없다고 안심하기 때문에, 감히 자기 자신의 벼락으로 아무 죄도 없는 신하들을 망쳐 주고 있다."

국왕의 행동과 그에 대한 프랭클린의 신랄한 대꾸를 가리켜, 어느 익살스러운 시인은 다음과 같이 읊었다.

조지 대왕, 지식을 몰아 내어
뾰족한 피뢰침을 뭉툭한 것으로 갈아치웠는데
그러는 동안 나라는 거덜거덜,
프랭클린은 한 수 위로 잘 했다.
뾰족한 것을 또 가지고 있었으니
국왕의 벼락은 하나도 쓸모가 없었네.

평화가 선언되기도 전에, 프랭클린의 대리석 흉상이 프랑스에서 조각되고, 다음과 같은 유명한 한 구절이 새겨졌다.

"Eripuit coele fulmen Sceptrumque tyrannis."

이 말은 라틴 어로 "그는 하늘에서 번개를, 폭군으로부터는 국왕의 옥홀(玉笏)을 빼앗았노라."라는 뜻이다.

어느 유명한 저술가는 프랭클린의 생애를 개관한 뒤, 제12장에 서술된 두 가지 사건을 골라 내어 다음과 같은 평을 덧붙였다.

프랭클린이 연의 쇠열쇠를 만졌을 때 느낀 크나큰 기쁨은 바로 그 손으로 오랫동안 저지되어 온 그 나라의 독립 선언에 서명했을 때의 기쁨과 비교해 비슷할 망정, 결코 그보다 못 하지는 않았을 것이다.

개구리 수프와 전지

쇠 난 간 에 매 단 개 구 리 다 리

동 물 전 기 이 론 과 볼 타 전 지

과학의 역사에서 가장 유명한 개구리는 식용 개구리에 속한다. 프랑스를 비롯한 일부 남부 유럽에서는 예로부터 이 개구리의 뒷다리가 매우 맛좋은 것으로 알려져 왔다. 고기 맛은 어린 날짐승이나 새끼토끼 가운데서도 말랑한 부분과 비슷하며, 흔히 튀겨서 먹는다.

그러나 이 이야기의 시대에는 개구리의 뒷다리로 만든 수프는 체력을 키워 주거나 정력제로 효력이 있다고 했다. 으레 의사들은 허약한 환자에게 개구리 수프를 마시도록 권하곤 했다.

갈바니 부인의 관찰

1786년 무렵, 이탈리아 볼로냐 대학의 갈바니(Luigi Galvani, 1737년~1798년) 교수의 부인이 병중이었다. 의사는 회복을 촉진하기 위해 개구리 다리를 삶은 수프를 계속 먹도록 지시했다.

그 시절 교수는 자택의 방을 연구실로 삼아 거기에서 실험을 하였고, 학생들은 그 곳에서 교육을 받곤 하였다. 갈바니 역시 자택에서 연구를 하였고, 부인은 으레 방 안 한구석에 앉아서 남편의 작업을 구경하곤 하였다.

어느 날, 갈바니 부인은 그 방에서 수프를 만들 개구리의 껍질을 벗기고 있었다. 다 벗긴 개구리는 기전기 곁에 놓인 책상 위의 금속 접시에 놓았다. 이윽고 껍질을 다 벗긴 부인은 손에 들고 있던 칼을 접시에 놓고 학생들과 잡담을 나누었다. 학생들은 교수가 들어와서 실험을 시작하기를 기다리는 중이었다.

갈바니 부인은 탁자 가까이에 앉아서 개구리를 들여다보며, 그것을 먹으면 건강이 회복될 거란 생각을 하고 있었다. 그 사이 학생들은 기전기를 돌려서 불꽃을 일으켜 보기 시작했다.

그 때, 부인은 접시 위에서 개구리의 다리가 마치 살아 있는 양 꿈틀꿈틀 움직이는 모습을 보았다. 부인은 깜짝 놀랐지만, 진지하게 관찰해 보았다. 그 결과, 접시의 가장자리에 놓인 칼에 닿아 있는 다리만 꿈틀거린다는 걸 알게 되었다. 또 기전기가 불꽃을 일으키고 있을 때만 개구리 다리는 경련을 일으킨다는 데 생각이 미쳤다.

그 날 부인은 교수가 돌아올 때까지 자신이 관찰한 사실을 비밀에 붙여 두고 있었다. 교수는 부인의 말을 듣고 매우 기뻐하였다. 즉시 실험을 되풀이해 보고, 또 변화를 주며 실험 보았다. 그리고 마침내 매우 중요한 사실을 발견하기에 이르렀다.

이것이 갈바니가 어떤 동기로 일련의 실험을 하게 되었는가에 관해 전해 오는 이야기다. 이 이야기에는 약간 로맨틱한 향기로움이 가미되어 있다. 갈바니 교수가 직접 한 설명은 이와 매우 다르지만, 그럼에도 불구하고 이 이야기에는 수긍이 가는 요소가 몇 가지 있다.

그의 아내인 루치아(Lucia)는 평생을 과학자의 동반자로 지낸 덕에 과학의 세계에 제법 조예가 깊었다. 매우 총명한 여성이었던 루치아는 저명한 대학 교수의 딸로 태어났다. 결혼 후에도 남편과 같이 아버지의 집에서 살았는데, 그 집에는 많은 과학자들이 찾아오곤 하였다.

만약 그녀가 전해지는 이야기 그대로 개구리 다리가 꿈틀꿈틀 경련하는 현상을 목격하였다면, 그런 진기한 현상에 각별한 의미를 부여했을 것이다. 그리고 한시라도 빨리 남편에게 이야기했으리라는 사실은 거의 의심할 여지가 없을 것이다. 더욱이 그녀가 1786년 무렵부터 몸이 안 좋았다는 증거도 있으며, 갈바니가 그 실험에 대한 해설서를 출판하기에 앞서 사망한 사실도 밝혀져 있다.

갈바니의 해설서에 따르면, 그는 개구리를 해부했을 때 뒷다리가 좌골신경을 거쳐 척수에 붙어 있는 상태로 탁자 위에 놓았다고 한다. 그때 마침 그 자리에서 기전기를 사용하고 있던 조수가 무심히 개구리 다리를 해부칼로 건드렸더니, 그 근육이 '마치 심한 경련을 일으킨 것처럼' 계속 줄어들었다. 그것은 기전기에서 불꽃을 끌어 내었을 때만 일어나는 듯하였다. 갈바니는 이 기묘한 현상에 매혹되었다.

갈바니는 그 자신의 말처럼 "즉각적으로 이 문제를 연구하고 싶은 열의와 강력한 욕망에 사로잡혔다."

이리하여 그는 닥치는 대로 개구리의 신경을 건드려 보았다. 결과는 매번 한결같았다. 단 하나의 예외도 없이, 기전기에서 불꽃이 번쩍한 그 순간에 정확히 개구리 다리의 근육이 수축했던 것이다. 갈바니 교수는 그것이 마치 "해부된 생물이 파상풍에 걸린 듯한 모습이었다."라고 기록하고 있다.

갈바니는 전부터 개구리의 근육 운동을 연구해 왔으며, 1772년에는 이 문제에 관하여 논문도 한 편 발표하였다. 갈바니를 비롯한 그 밖의 연구자들도 1786년 이전부터 동물의 근육에 라이덴병이나 기전기를 직접 접촉시키면 그것을 끌어당기거나 경련을 일으킨다는 사실을 알고 있었다. 따라서 갈바니 교수가 개구리 다리와 기전기를 사용한 실험의 준비를 하고 있었다는 사실을 충분히 추정할 수 있다.

두 이야기의 어느 쪽을 택하건 간에, 우연히 기전기가 불꽃을 튀기고 있을 때 근육이 경련을 일으키는 것을 보고 주목하게 되었다는 점은 일치한다. 그 경련을 알아본 사람이 한 편에서는 교수의 부인이라 하고, 한 편에서는 교수의 조수라고 하는 차이가 있을 뿐이다.

쇠난간에 매단 개구리 다리

우연한 관찰 뒤로, 갈바니는 개구리 다리를 가지고 일련의 실험을 하였다. 그 가운데서 가장 자주 이야기되는 실험은 자기 집 발코니의 쇠난간에 개구리를 매단 실험이다.

이 실험에 대한 해설은 여러 기록에서 일치한다. 번개, 다시 말해서 대기 속의 전기가 근육에 미치는 효과를 연구하기 위한 실험이었던 것이다.

흔히 전해지는 이야기는 이러하다. 하늘이 고요하고 바람이 잔잔한 어느 날씨 좋은 날에 갈바니 교수는 개구리가 바람에 흔들려 쇠난간에 닿을 때마다 꿈틀하고 경련하는 현상을 우연히 목격하게 되었다. 교수는 이를 보고 매우 놀랐다. 그 때까지 대기의 전기가 경련을 일으키는 현상은 전혀 발견되지 않았기 때문이었다. 이 우연한 관찰을 계기로 교수는 또다른 실험을 시작하였다.

그러나 실제는 이러한 통설과 차이가 있다. 갈바니가 직접 쓴 글에 따르면, 갈바니는 개구리를 해부하여 두 다리가 좌골신경을 거쳐 등뼈와 연결된 상태로 남겨 놓고, 주석으로 된 뜨개바늘을 척수(등골)에 끼웠다. 그러니까 뜨개바늘은 분명히 신경에 접촉되어 있었다. 그런 다음 이 다리를 쇠난간에 걸어 놓았다.

그러다 보니, 날씨가 좋은 날이든 천둥치고 번개치는 날이든 예외 없이 근육이 가끔 수축하기도 하고 경련을 일으키기도 하는 현상이 목격되었다. 그러고는 맑은 날씨가 계속된 며칠 동안 줄곧 그것을 면밀히 관찰했다. 그러자 경련은 극히 드물게 일어났다.

갈바니 교수는 아무런 성과도 없이 지켜보는 데 지쳤다. 그러다 '뜨개바늘을 쇠난간에 갖다 대면 근육이 경련하지 않을까.' 하는 생각이 들었다. 실험한 결과, 근육은 확실히 경련을 일으켰다. 몇 번이고 되풀이해 보았는데, 그 때마다 어김없이 경련이 일어나곤 했다.

두말 할 것도 없이 이것은 대기의 전기와는 전혀 관계가 없었다. 그 때의 날씨가 맑았기 때문이다.

이와 같은 새로운 종류의 경련을 발견한 것은 흔히 일컬어지는 바와 같이 우연히 이루어진 것이 아니었다. 갈바니가 실험에 지쳐 있다가 그 따분함에 못 이겨 일부러 해 본 끝에 일어난 결과인 것이다.

갈바니가 쇠난간의 사건을 우연히 관찰한 것인지 그렇지 않은 것인지는 접어 두자. 아무튼 갈바니가 곧바로 개구리 다리를 가지고 실험실로 들어가서 간단한 실험을 한 것은 사실이다. 그는 개구리 다리를 쇠접시에 얹어 놓고, 주석으로 된 뜨개바늘을 접시에 대어 보았다. 그럴 때마다 똑같은 경련이 눈에 띄었다.

갈바니는 그 밖에도 많은 실험을 해 본 뒤에, 왜 근육이 경련하는가를 설명하려 했다. 이미 말했다시피, 그는 동물의 근육이 기전기에 직접 닿으면 경련을 일으킨다는 사실을 알고 있었다. 분명코 전기는 경련을 일으킨다. 그러나 이 새로운 경련은 외부에서 전기를 공급하지 않았는데 일어났다. 그 이유는 무엇일까?

갈바니는 이 새로운 경련이 '동물 전기'에 의해 일어나는 것이라고 결론을 내렸다. 동물 전기는 신경을 통하여 근육으로 흐르는 것이지만, 두 개의 다른 금속이 들어가서 회로를 만들 때만 그런 현상을 일으킨다고 풀이하였다.

이에 대한 해설이 그림으로 그려져 있다. 갈바니는 구부러진 컴퍼스

개구리 다리를
이용해 실험을
하고 있는
갈바니

모양의 쇳조각을 손에 들었다. 한 끝은 개구리 다리 위쪽의 등뼈를 둘
러싼 주석의 고리에 대고, 다른 한 끝은 개구리 발가락에 대어 동시에
양쪽을 건드리고 있다.

동물 전기 이론과 볼타 전지

갈바니의 연구와 동물 전기가 존재한다는 그의 이론이 과학계에 보고되자, 순식간에 일반의 흥미를 불러 일으켰다. 그의 실험은 여러 형태로 변형되어 거듭되었다. 특히 뛰어난 연구자는 그와 같은 이탈리아인인 파비아 대학의 교수 볼타(Alessandro Volta, 1745년~1827년)였다.

볼타는 처음에 갈바니의 이론을 받아들이고 일련의 실험을 해 보았다. 그 결과, 볼타는 개구리의 신경과 근육이 전기의 발생과는 아무런 관계도 없다, 다시 말하여 갈바니가 말한 동물 전기란 존재하지 않는다는 사실을 밝혔다.

그 대신 볼타는 전류가 두 종류의 금속이 접촉하면서 만들어진다는 사실을 증명하였다. 그 증명은 대단히 완전한 것이었다. 볼타는 이를 바탕으로 하여 오늘날 볼타 전지라고 불리는 1차 전지를 발명할 수 있었다.

볼타 전지는 다음과 같은 구조를 지니고 있다. 은판 위에 같은 크기와 같은 모양을 가진 아연판을 얹어 놓았다. 그 위에 미리 소금의 용액을 스며들게 한 **플란넬**을 겹쳐 놓는다. 거기에 다시 은판과 아연판 한 쌍을 얹고, 그 위에 또다른 플란넬을 얹어 놓는다. 이렇게 거듭하여 12장의 금속판을 아래위로 쌓아올린 파일(pile)■을 이룬다.

플란넬(flannel)이란?
모직물의 한 가지.

볼타가 맨 위의 금속판을 한 손으로 만지고 또 한 손으로 밑바닥의 판을 만졌더니, 전기 충격을 느낄 수 있었다. 꼭대기의 판과 밑바닥의 판을 철사로 연결하자, 전기는 그 속을 계속해서 흘렀다.

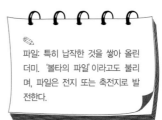

✎
파일: 특히 납작한 것을 쌓아 올린 더미. '볼타의 파일'이라고도 불리며, 파일은 전지 또는 축전지로 발전한다.

이와 같은 파일은 흐르는 전기를 얻어 내는 화학적 방법을 제공했다. 장점은 전기의 공급이 연속적이라는 데 있었다. 볼타 전지는 과학자가 할 수 있는 실험의 종류를 폭넓게 증가시켰다. 예컨대 전지가 발견된 지 몇 해가 지나기도 전에 험프리 데이비(Sir Humphry Davy, 1778년~1829년)는 이것을 사용하여 처음으로 금속 나트륨을 분리했다. 그 밖에도 파일을 사용한 화학적 발견이 연달았다.

그러는 동안에 전기 자체에 관한 연구도 크게 발전하였다. 한 마디로 정리하자면, 볼타 전지는 19세기에 나타난 모든 '1차 전지'와 '2차 전지'의 원조이며, 그 화학적 원리는 오늘날에도 현대의 전지를 만드는 토대다.

갖가지 진보가 실로 기묘하게 시작된다는 것은 뒤돌아볼수록 대단히 재미있다. 1786년에 갈바니의 자택에서 우연한 관찰이 있었다. 다음에는 쇠난간에 걸어 놓은 개구리 다리에 관한 또 하나의 우연한 관찰도 있었다. 그리고 동물 전기라는 잘못된 이론도 확실히 존재하는 것이다.

불행히도 갈바니가 자신의 연구 성과로 얻은 기쁨은 오래 가지 못했다. 그가 그지없이 사랑하던 부인 루치아가 그의 연구 해설서가 출판되기도 전에 세상을 떠났기 때문이다.

갈바니에게 고난은 여러모로 닥쳐 왔다. 프랑스 혁명이 낡은 정치 질서를 뒤집어 엎더니, 갈바니의 나라 이탈리아에서도 공화국이 수립되었기 때문이다.

전해지는 말에 따르면, 갈바니는 새로운 지배자에 대해 복종을 약속하지 않기 때문에 교수의 직위와 그에 따르는 수입을 빼앗겼다고 한다. 뿐만 아니라, 자택을 떠나 다른 곳에 주택을 구하지 않으면 안 되게 되었다. 그래서 갈바니는 형제의 집으로 남의 눈을 피해 조용히 은퇴하였고, 거기서 앓는 몸이 되어 1798년에 부인 곁으로 갔다.

공화국 정부는 과학사에 빛나는 갈바니의 위대한 업적과 명성을 고려하여 그를 볼로냐 대학 교수로 복직시키기로 하였지만, 때는 이미 늦었던 것이다.

이 책에 나온 등장인물들이에요! 1탄

전선에 흐르는 전류가 자화(磁化)된 바늘을 편향시킬 수 있다는 사실을 발견한 **외르스테드**

최초로 공기 펌프를 발명하여 진공 현상과 연소·호흡에서의 공기 역할을 연구한 **게리케**

근대 확률이론을 창시하고, 파스칼의 원리를 체계화한 **파스칼**

X선을 발견하여 1901년 처음으로 노벨 물리학상을 받은 **뢴트겐**

초기 신대륙 발견에서 가장 중요한 역할을 한 **콜럼버스**

고대 그리스의 수학자이자 물리학자 **아르키메데스**

기압계를 발명한 **토리첼리**

지구가 자전축을 중심으로 자전하고, 정지해 있는 태양 주위를 공전한다고 주장한 **코페르니쿠스**

동물의 조직에서 전기의 성질과 효과를 발견하고 볼타 파일을 발명한 **갈바니**

17세기 과학혁명의 상징적인 인물로, 광학·역학·수학 분야에서 뛰어난 업적을 남겼고, 만유인력의 법칙을 발견한 **뉴턴**

173

14

데이비, 안전등을 발명하다

두 발명가의 대립된 주장

생 명 을 건 사 나 이

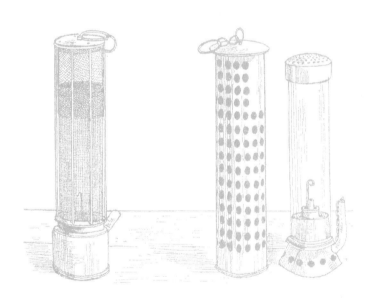

누 가 먼 저 인 가

석탄을 캐내는 작업은 예나 지금이나 매우 위험하다. 낙석으로 인해 갱부가 죽고 다치는 것뿐만 아니라, 탄광 안에 '갱내 가스'가 생기기 때문이다.

이 가스의 화학명은 메탄(화학식은 CH_4)으로서, 어느 탄갱에나 존재한다. 그것은 석탄층의 틈새에서 세찬 바람처럼 소리를 내며 거세게 분출된다. 그래서 예전에는 탄층의 틈새를 '**블로워**'라고 일컬었다.

블로워(blower)란? 바람을 불어대는 곳.

갱내 가스는 그 부피의 12배의 공기가 섞여도 불을 붙이면 폭발한다. 가장 폭발하기 쉬운 것은 가스 1에 공기 7 내지 8의 비율로 섞인 혼합물이다. 가스의 부피보다 12배 이상 공기가 섞인 것은 옅은 푸른색의 화염을 내며 조용히 탄다. 그런 점에서 갱내 가스는 가스 공장에서 만든 가정용 석탄 가스와 매우 닮았다.

탄광에서 일하는 광부는 어두운 갱 안에서 일하기 위하여 등불이 있어야 한다. 오랜 세월 동안 촛불이 그 역할을 맡아 왔다. 그러나 촛불은 갱내의 가스와 공기가 폭발하지 않는 비율로 섞여 있을 때만 가능하다. 따라서 갱내에서는 불기운이 있는 불은 사용할 수 없었다.

따라서 바다 가까운 탄광에서는 재미있는 등불이 이용되었다. 물고기 가운데 어떤 종류의 비늘은 어둠 속에서도 빛을 내는 기묘한 성질을 가지고 있다. 광부들은 바로 이 비늘을 널빤지에 붙여 갱내에 가지고 들어갔다. 비늘에서 나오는 가냘픈 빛은 어슴푸레하긴 하지만 갱내를 비추어 주었다.

1740년 무렵, 영국 화이트헤이벤(Whitehaven) 탄광의 스페딩(Speddin)이라는 기사가 '스틸 밀(steel mell)'이라는 조명을 발명했다. 이것은 가스와 공기의 혼합 비율이 그다지 폭발적이 아닌 곳, 즉 촛불로는 폭발할지라도 불꽃 정도로는 폭발하지 않는 곳에서 사용할 수 있었다.

이 조명은 강철로 된 회전판의 가장자리를 들쑥날쑥하게 하고 거기에 부싯돌을 장착한 것이었다. 회전판을 손으로 빨리 돌리고 뜰쑥날쑥한 가장자리로 부싯돌을 마찰하면 불꽃이 일었다. 이렇게 불꽃을 얻어 내는 방법은 근대 사회에 들어오면서 담뱃불 붙이는 데 쓰이는 라이터에도 응용된다.

데이비, 안전등을 발명하다

1813년에 탄갱 사고 예방 협회가 결성되었다. 잉글랜드 북부의 유력자들은 대부분이 회원으로 가입하였다. 그 회원 중에 뉴캐슬에 가까운 헤워스(Hewarth) 교구의 존 호지슨(John Hodgson) 신부가 있었다. 호지슨은 석탄업에 관하여 잘 알고 있었고, 이 협회에 대해서도 각별한 흥미를 가지고 있었다. 더욱이 그 부근의 탄광에서 무서운 사고가 발생하여, 90명도 넘는 인명의 사상자가 난 뒤로는 한층 관심을 갖게 되었다.

1815년, 호지슨 신부는 마침 북부 잉글랜드를 여행 중이던 저명한 과학자 험프리 데이비를 만나게 되어, 둘이서 탄갱의 안전 장치에 관해 토론했다.

이리하여 데이비는 탄갱 폭발에 대해 관심을 갖게 되었다. 그리고 몇 달 뒤에는 그의 이름을 딴 안전등을 발명하였다. 아래에 나오는 그림과 같이 이것은 그물코가 작은 철망으로 불이 붙는 심지를 둘러싼 구조의 등이다. 그물코를 통해 연소에 필요한 공기가 들어올 수 있고,

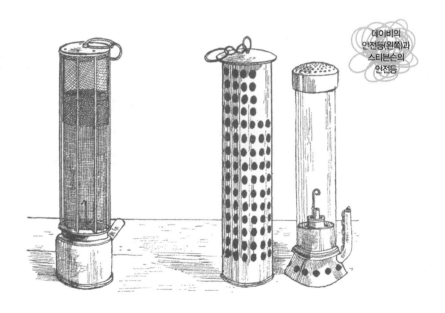

데이비의 안전등(왼쪽)과 스티븐슨의 안전등

또 연소로 발생한 배기도 빠져나갈 수 있다. 그 반면에 화염은 그물코를 통과하지 않으므로, 밖을 둘러싼 갱내 가스와 공기의 혼합물에는 불이 붙지 않았다. 훨씬 뒤에 나온 개량형 안전등에서는 철망의 아랫 부분이 유리 원통으로 대체되었다.

험프리 데이비는 그가 발명한 첫 안전등을 호지슨에게 보내어, 엄격하게 시험해 주기를 부탁했다. 그 첫 시험은 탄광으로부터 갱내 가스가 배출되는 파이프 어귀에서 실시되었다. 안전등은 활활 밝게 불탔지만 폭발은 일어나지 않았다.

호지슨은 이어서 탄갱 안의 환기가 잘 되는 장소에서 시험해 보았는데, 역시 안전을 유지할 수 있었다.

호지슨은 이에 용기를 얻어, 더욱 심각한 실험에 착수하였다. 안전등의 안전성에 관한 의혹을 낱낱이 제거하기 위하여, 손수 안전등을 가지고 환기가 잘 되지 않는 탄광 깊은 곳까지 들어가기로 한 것이다. 그곳은 사람이 촛불에 의지하여 작업할 수 없는 아주 위험한 장소였다.

마침 한 광부가 '스틸 밀'의 불빛 아래서 석탄 기둥을 절단하는 작업을 하고 있었다. 그 광부는 앞으로 어떤 일이 일어날지 전혀 눈치채지 못했다. 그는 홀로 큰 위험이 있는 탄광 깊은 곳에서 삶과 죽음의 한가운데 놓여 있었다.

그 때 그의 눈에 멀리서 다가오는 불빛 하나가 들어왔다. 보아하니 그것은 활활 타오르는 촛불 같았다. 촛불을 그 곳까지 가지고 들어갔다가는 광부 자신은 물론이고, 촛불을 든 사람도 위험하게 되리란 건

갱내에서 데이비의
안전등을 시험하고
있는 호지슨

의심할 여지가 없었다. 그는 부리나케 소리쳤다.

"야, 촛불을 꺼!"

그러나 불빛은 더욱 가까이 다가왔다. 그가 아무리 소리쳐 보아도
상대는 전혀 들은 체도 하지 않았다.

일이 이쯤 되자 광부의 외침은 순식간에 저주와 욕설로 바뀌었다.
광부는 자신을 죽음으로 이끄는 동료(그는 호지슨을 동료 광부인 줄 믿고 있었
으므로)에게 거칠고 사나운 함성을 내질렀다. 그렇지만 저쪽에서는 여
전히 한 마디의 대꾸도 없었다.

불빛은 더더욱 다가왔다. 마침내 광부의 저주스런 말투는 제발 살려
달라는 애원으로 바뀌었다. 그리고 드디어 눈앞에 용감하고 사려 깊은

사람이 걸음을 멈추었다. 입으로 내색하지는 않았으나 마음 속에는 기쁨이 가득하였다.

광부는 그 사람을 잘 알고 있었고, 존경하고도 있었다. 4년 전, 무서운 탄광 폭발 사고 뒤에 동료 광부 91명의 시체를 무덤에 묻으며 장례를 치른 사람이었다. 그 사람은 부드러운 미소를 띄고 있었다. 그리고 손에는 장차 광부들의 보호자가 될 과학의 승리품을 들고 있었다.

몇 달 뒤, 호지슨은 데이비에게 다음과 같이 보고하였다.

광부들은 안전등을 가지고 아주 재미있고 우스꽝스러운 대화를 나누고 있습니다. 그들은 안전등의 마법과도 같은 성질을 계속 이상스럽게 여깁니다. 그러면서 그것을 초자연적인 것으로 볼 것인가, 아니면 보통의 인과 법칙에 따른 도구로 볼 것인가를 분간하지 못하여 의견이 대립되고 있는 듯합니다.

데이비는 이 안전등에 관한 논문을 1815년 11월 9일의 왕립 학회 모임에서 읽었고, 그 모형 하나를 회원들에게 전시하기도 했다.

(생명을 건 사나이)

이보다 몇 해 앞서, 조지 스티븐슨(George Stephenson, 1781년~1848년)이라

는 가난한 기계공도 갱내 가스에 관한 실험을 거듭하고 있었다. 그는 데이비의 안전등에 관한 공식적인 성명이 나오기 전인 1815년 10월 21일에 첫 모델을 시험하고, 11월 4일에는 둘째 모델을 시험하였다.

그는 무디와 우드라는 두 사나이와 함께 가장 폭발성이 강한 가스를 함유하고 있는 한 탄광 안으로 들어갔다. 가스는 탄층의 표면으로 '슛, 슛' 하는 소리를 내며 분출하고 있었다. 그들은 가스가 나오는 갱도 부분에 널빤지를 둘러 세워서 칸막이를 했다. 이렇게 해서 공기는 그들의 실험 목적에 걸맞게 오염되었다.

한 시간쯤을 기다린 뒤, 스티븐슨이나 우드보다 갱내 가스에 관해 실제적 경험이 많은 무디가 이들의 부탁으로 칸막이 안으로 들어갔다. 한참 만에 돌아온 그는 "공기의 냄새로 미루어 보아, 지금 만약 촛불을 가지고 들어가면 영락없이 폭발이 일어날 것이다."라고 말했다. 그러면서 스티븐슨에게 다시 한 번 "만일 가스에 불이 붙으면 우리는 물론이고 갱도에도 심각한 위험을 미칠 것이다."라고 경고했다.

그러나 스티븐슨은 자신의 램프가 지니는 안전성을 신뢰한다고 단언하며, 폭발 가능성이 풍부한 공기 속으로 대담하게 걸어 들어갔다. 다른 두 사람은 겁이 많은데다가 램프의 안전성을 그다지 믿지 않았으므로, 가스가 분출하는 소리가 들리는 데에 이르자 그만 주춤거리며 걸음을 멈추고 말았다. 그러고는 램프가 보이지 않는 안전한 곳으로 몸을 숨겼다.

램프는 그것을 손에 든 사람과 함께 탄광 안쪽으로 모습을 감추었다. 스티븐슨은 불이 켜진 램프를 들고 그 위험한 곳으로 들어가서 오염된 공기 속에 잠겼다. 마침내 그는 램프를 손에 꼭 쥔 채 가스의 분출구 정면에 램프를 들이댔다. 그러자 가스에 노출된 램프의 화염이 처음에 강해졌으나, 곧 깜박깜박하다가 마침내는 꺼져 버렸다. 폭발이 일어나지 않은 것이다.

스티븐슨은 이와 같은 몇 가지 시험을 통해 램프는 개조되어야 한다고 깨달았다. 그는 1815년 11월 30일에 세 번째의 최종 모델을 만들었다. 177쪽에 데이비의 안전등과 스티븐슨의 안전등이 나란히 그려져 있다. 스티븐슨의 발명품에서는 화염을 유리 원통으로 둘러쌌고 그것을 구멍이 뚫린 철판으로 덮고 있다.

누가 먼저인가

이와 같은 두 개의 안전등 가운데 어느 쪽이 우수한가, 또는 누가 먼저 발견했는가를 둘러싸고 심한 논쟁이 벌어졌다.

데이비는 실험실 안에서 화학적 지식만 가지고 문제에 도전하였다. 가스와 공기를 여러 비율로 혼합해서 그 폭발성을 연구한 것이다. 그는 갱내 가스의 화염이 철망의 그물코를 통과하지 않는다는 사실을 발견하였다.

그와 대조적으로 스티븐슨은 보다 역학적인 방향으로 문제와 맞부

딯혔다. 즉 직접 탄광 안으로 들어가 여러 유형의 램프를 시험해 본 것이다. 폭발이 구멍을 통과하지 않는 사실을 관찰한 것은 스티븐슨이 먼저였다.

험프리 데이비는 스티븐슨에 비할 때 안전등의 발명으로 인한 칭송과 영예를 훨씬 많이 누렸다. 누가 뭐라든 그는 당시 과학계의 천재였으며, 가장 명성을 날리고 있는 강연자였고, 또 가장 인기 높은 철학자였다. 그에 반하여 스티븐슨은 탄광에서 엔진을 다루는 기능공, 즉 육체 노동자였던 것이다. 이에 관해 어느 평론가는 다음과 같이 평하기도 하였다.

안전등은 매우 과학적이며 가치 있는 과학 지식의 보고다. 이것이 초보적인 화학 지식조차 갖추지 못한 기관공인 스티븐슨의 공적이라고 믿을 사람은 아무도 없다.

이 평론가는 참으로 엄청난 판단 착오를 범한 셈이었다. 스티븐슨에게는 빛나는 장래가 기다리고 있었기 때문이다. 탄광에서 일하던 기능공 스티븐슨이 바로 세계에서 가장 유명한 철도 기술자 스티븐슨이었던 것이다. ■

기계 박사로 이름이 나 있던 스티븐슨은 탄광에서 석탄을 반출하는 방법을 연구하다가 증기 기관차를 발명하게 되었다. 1823년에는 최초의 기관차 공장을 설립하였고, 스톡턴과 달링턴 사이에 21km의 철도가 개통되자, 1825년 9월 27일 로커모션 호가 그 위를 달리게 되었다. 최초의 열차는 38대의 차량을 시속 20~26km로 운행하였으며, 이것이 철도 수송의 시작이었다.

데이비는 자신의 우선권을 다음과 같이 주장하였다.

나는 안전등에 관한 원리를 공개 발표한 지 6개월이 지나도록 조지 스티븐슨이라는 이름과 그의 램프에 관해서 한 마디도 들은 바 없었다. 스티븐슨은 마음에 있는 막연한 생각을 실용화하려고 애썼지만, 내가 공개 발표를 하기 전까지는 성공하지 못했다고 알려져 있다. 런던의 과학자들도 모두 이렇게 믿고 있으며, 나 역시 뉴캐슬에서 소문을 들었으므로, 이 이야기는 사실이다.

그는 '스티븐슨의 유리 폭발 기계'와 '빛과 열은 통과시키지만, 화염은 통과시키지 않는 자신의 철망' 사이에는 아무런 유사성도 없다고 덧붙였다.

뿐만 아니라, 영국의 지도적인 화학자와 자연 철학자들은 왕립 학회 회장과 합동으로 1817년에 조사 활동을 벌였다. 그리고 "험프리 데이비는 다른 어떤 사람과의 관계 없이 안전등을 발명했다."는 결론을 내렸다.

1기니아는 오늘날의 21실링, 따라서 1파운드와 1실링이다.

탄광 소유자들은 모임을 갖고 기부금을 모집한 끝에 2,000파운드를 험프리 데이비에게 주기로 하였다. 한편으로 '같은 방향에서 노력한 사실을 고려'하여 조지 스티븐슨에게도 100기니아의 상금을 주었다. ■

그러자 스티븐슨의 동료들도 모임을 갖고 다음과 같이 결의했다.

"조지 스티븐슨은 수소 가스에 의해 일어나는 폭발이 조그만 관이나 구멍을 통과하지 않는다는 사실을 발견하였고, 처음으로 그 원리를 응용하여 안전등을 만들었다. 그러므로 그에게도 당연히 공공의 보상이 주어져야 한다."

이 결의에 따라 1,000달러가 모금되었다. 비천한 광부들은 스티븐슨에게 은시계를 사서 기증했다. 이 선물은 스티븐슨을 퍽이나 기쁘게 하였다.

이와 같은 격렬한 논쟁은 다행히도 조지 스티븐슨의 아들 로버트 스티븐슨(Robert Stephenson, 1803년~1859년: 영국의 토목 기사)에 의해 결말이 지어졌다. 약 40년 뒤에 이르러, 로버트 스티븐슨은 안전등에 대한 질문을 받고 이렇게 대답하였다.

"나는 공평한 의견을 말할 수 있는 처지가 아닙니다. 그렇지만 귀하가 솔직하게 물으셨으니 나도 솔직하게 대답하지요. 만약에 조지 스티븐슨이 태어나지 않았더라도 험프리 데이비 경은 안전등을 발명할 수 있었을 겁니다. 이건 분명한 사실이에요. 그렇지만 반대로 만약에 험프리 데이비 경이 태어나지 않았다 하더라도 조지 스티븐슨은 틀림없이 안전등을 발명했을 것입니다. 나는 험프리 데이비 경이 이 문제에 관해서 이룩한 일과는 전혀 관계없이 조지 스티븐슨은 그것을 이룩했을 것으로 믿습니다."

X선의 우연한 발견

또 하나의 전설

X선을 발견할 뻔한 사람

알몸을 감춰 주는 속옷

외과 수술에서의 이용

　　　　　　19세기의 후반에 접어들자 많은 과학자들
이 전기를 부분적 진공 속에서 방전했을 때 일어나는 특이한 현상을
연구하였다.

　　1879년의, **크룩스관**(Crookes管)의 발명은 이 과제에 큰
도움을 주었다. 크룩스관은 길다란 원통 모양의 유리
관으로서, 2개의 **전극**(電極)을 봉해 놓은 것이다. 이
전극의 하나는 유도 코일을 거쳐서 전지의 플러스
극에 이어져 '양극'이라고 불린다. 또 하나의 전극은
똑같은 마이너스극에 이어져 '음극'으로 불린다. 관에 달
린 조그만 배기구에 진공 펌프를 연결하여 밀봉하고는 펌프를 작동시
켜서 관 속의 공기를 사실상 완전히 빼는 것이다.

　　크룩스관에 전류를 통과시키면, 관의 벽은 엷은 초록빛으로 뿌옇게
빛을 낸다. 윌리엄 크룩스(William Crookes: 1832년~1919년)를 비롯한 몇몇 사
람들은 이를 관찰하여, 어떤 선이 음극에서 나와 관의 안쪽 벽에 부딪
히기 때문에 형광이 일어난다고 추론하였다.

　　몇 해 뒤, 레나르트(Philipp Renard, 1862년~1947년) 교수는 이와 같은 음극
선은 엷은 유리벽에는 막히지만 알루미늄 박은 통과한다는 사실을 발

크룩스관이란?
입력 0.1mmHg 이하의
진공도를 가진 방전관.
전극이란?
전지나 진공관 따위에서
전류가 들어가고 나가는 끝.

견하였다. 그리하여 유리벽의 일부에 알루미늄 창을 장치한 개량형 크룩스관을 고안하였다. 레나르트는 음극선이 알루미늄 박을 통과하여 바깥의 공기 속으로 나갈 수가 있으나, 극히 짧은 거리에서밖에는 검출할 수 없다는 사실을 발견한 것이다.

음극선이 닿으면 형광을 발하는 물질은 유리 외에도 몇몇이 있다. 그 하나는 '시안화백금산바륨'이다. 19세기 말엽이 되자, 많은 과학자들은 음극선을 실험할 때 이 물질의 극히 조그만 결정을 바른 종이 조각이나 마분지를 스크린으로 사용하였다.

뢴트겐, X선을 발견하다

1895년 말엽의 어느 날, 바이에른 뷔르츠부르크 대학의 뢴트겐 (Wilhelm Konard Röntgen, 1845년~1923년) 교수가 개량형 크룩스관을 사용하여 실험을 하고 있었다. 그는 블라인드를 내려 실험실을 어둡게 하고, 크룩스관을 검은 마분지로 완전히 덮었다. 아무리 강한 광선도 이 종이를 투과할 수는 없었다.

그가 코일에 스위치를 넣을 때 실험실 안은 캄캄하였다. 그런데 뢴트겐이 무심히 주변을 둘러보았을 때, 그는 서너 피트 떨어진 테이블 위에 세워진 형광 스크린 하나가 환히 빛나는 데 눈길이 갔다. 그는 고개를 갸웃거렸다. 왜냐하면 크룩스관은 검정 종이로 완전히 덮어 씌웠

촬영된
뼈의 사진

으로 거기서 음극선이 새어 나올 수는 없었기 때문이다.

그런데도 어떤 선이 관에서 곧바로 스크린 쪽으로 치닫고 있는 것같이 보였다. 아무리 보아도 그 이외의 곳으로부터 빛이 나올 가능성이란 전혀 없었다.

스크린을 더욱 관 가까이로 옮겨 본 결과, 그와 같은 방향으로 향해 있는 한은 여전히 빛을 내고 있다는 사실을 알아볼 수 있었다.

뢴트겐은 형광을 발하고 있는 곳에서 새로운 종류의 선이 방출되고 있다고 확신하였다. 그것은 검고 두터운 종이도 통과할 수 있는 선이었다.

"어쩌면 다른 물체도 투과할 수 있지 않을까?"

뢴트겐은 이런 생각을 즉각 시험해 보기로 했다. 관과 스크린 사이

X선의 우연한 발견

189

에 널빤지를 놓아도 스크린은 빛났다. 선이 나무를 통과한 것이다. 헝겊을 놓아 보아도 스크린은 역시 빛났다. 섬유질도 통과한 것이었다. 다음에는 금속 조각을 놓아 보았다. 이번에는 스크린 위에 그 그림자가 떠올랐다. 분명히 이 불가사의한 선은 금속을 통과하지 못한 것이다.

마침내 그는 대단히 훌륭하고 그러면서도 간단한 아이디어를 착안했다. 보통의 광선은 '사진 건판'에 작용한다.

"아마 이 불가사의한 선도 사진에 감광할 테지."

뢴트겐은 이런 생각을 시험해 보기 위해 선의 통과 경로에 사진 건판을 놓고, 아내를 설득하여 그녀의 손을 관과 건판 사이에 넣게 했다. 그러고는 코일의 스위치를 비틀었다. 그런 뒤 건판을 현상해 보자 놀라운 일이 벌어져 있었다. 그들의 눈에 뼈가 뚜렷이 보였고, 그 둘레에 근육이 엷은 윤곽을 그리고 있었던 것이다.

살아 있는 인간의 뼈가 사진으로 촬영되기는 그 때가 처음이었다. 여성으로서 자신의 뼈를 사진으로 본다는 것은 그야말로 기절초풍할 만큼 충격적인 체험이었을 것이다.

(또 하나의 전설)

서표란?
책갈피에 끼워서 찾아보기
쉽게 하는 표지.

이 놀라운 발견에 대해서 다른 형태의 이야기가 전해진다. 그 이야기에 따르면, 뢴트겐은 **서표**로 쇠붙이 열쇠를 쓰고 있었다. 어느 날, 열쇠를 책갈피에 끼우고 아무렇게나 책을 실험실의 의자에 놓았다. 나중에 안 일이지만, 그 의자 위에는 나무틀에 끼운 사진 건판이 놓여 있었고, 책은 바로 그 위에 놓여졌다.

얼마 뒤, 그는 크룩스관으로 실험을 하다가 형광을 발하고 있는 관을 책 위에 놓고 잠시 밖으로 나갔다가 돌아와서 실험을 계속했다. 며칠 뒤, 뢴트겐은 이 사진 건판을 사용하여 바깥의 풍경을 촬영했는데, 그것을 현상해 보니 어이없게도 열쇠 모양이 촬영되어 있었다. 뢴트겐은 매우 놀랐지만, 미루어 생각해 보았다. 그리고 크룩스관이 무엇인가 알 수 없는 새로운 종류의 선을 방출하고 있다는 생각을 떠올렸다.

이와 같은 부자연스러운 이야기의 진위를 증명하려고 시도할 필요는 없다. 오늘날 이 이야기를 믿는 사람이라고는 거의 없기 때문이다.

(X선을 발견할 뻔한 사람들)

뢴트겐은 이 광선을 'X선(x-ray)'이라고 이름 붙였다. 이 광선에 관해서는 거의 아무것도 알려진 것이 없었기 때문이다. 수학에서 미지의 양을 나타내는 데는 으레 'X'라는 글자를 쓰기 때문에, 이 광선에도 그러한 이름을 붙여 준 것이다. 훗날에 이르러서는 '뢴트겐선'이라는 이름을 채용하자는 운동도 전개되었다. 어쩌면 뢴트겐선이라 부르는 것이 보다 적절하며, 또한 발견자를 찬양하는 의미도 있다 할 것이다.

그러나 뢴트겐선이라는 이름은 적어도 영국에서는 좀처럼 사용되지 않았다. 어느 과학 잡지에서 편집자가 쓴 대로, 발견자를 위해서는 매우 미안한 일이지만 뢴트겐이라는 발음은 영국인의 귀에 결코 듣기 좋게 받아들여지지 않았던 것이다.

뢴트겐 이전에 이 현상을 관찰한 사람이 아무도 없을까? 그렇지는 않을 것이다. 더욱이 눈매 날카로운 많은 과학자들이 1895년까지 15년 또는 그 이상의 기간에 걸쳐서 크룩스관을 사용하고 실험하고 있었으니 말이다. 뢴트겐이 자신의 발견에 관한 상세한 경위를 공개 발표한 뒤, 윌리엄 크룩스는 자신도 새로운 광선의 발견 직전에 있었음을 깨닫게 되었다. 또 하나의 탁월한 물리학자 레일리(John William Strutt Rayleigh, 1842년~1919년)는 다음과 같은 기록을 남겼다.

크룩스는 X선의 발견을 놓친 데 대해서 몇 번이고 억울해했다. 그가 나에게 이런 이야기를 들려주었다. 예전에 한번은 실험실에 놓아 둔 몇 상자나 되는 건판이 흐려져 버린 일이 있었다는 것이다. 사람들은 대개 일이 잘못되었을 때 누군가 남한테 죄를 뒤집어씌우는 법이다. 그 역시 마찬가지였다. 크룩스는 건판을 만들어 판 사람에게 항의했지만, 그 사람 역시 납득이 갈 만한 설명을 할 수가 없었다. 크룩스가 이 기이한 현상이 공기를 고도로 빼 버린 진공관 가까이에서 작업한 결과라고 해석한 것은 뢴트겐의 발견이 있은 뒤였다고 나는 믿고 있다.

(알몸을 감춰 주는 속옷)

1895년 12월, 뢴크겐은 그의 발견을 뷔르츠부르크의 물리학·의학 협회에 보고했다. 그리고 그 뒤에 상세한 내용이 신문에 보도되었다. X선의 발견이 여러 나라에 크나큰 반향을 일으켰음은 물론이다.

이듬해 1월 초순, 영국의 한 저명한 물리학 교수는 어느 교양지에서 뢴트겐의 발견을 논했다. 그는 먼저 지극히 특이한 과학적 발견이 최근 뷔르츠부르크 대학의 뢴트겐 교수에 의해 실현되었다고 소개했다. 그리고는 뢴트겐이 나무 상자 속에 완전히 밀폐된 금속 물체를 유리 상자 속에 들어 있는 경우보다도 더 쉽게 촬영할 수 있는 수단을 발견했다고 해설했다. 또한 사진을 찍으면 투명하게 나타나는 피부, 근육, 의복 등을 투과하여 인체의 해골을 촬영할 수도 있다고 하였다.

그는 이어서 말했다.

이 발견은 과학사의 경이로운 사건 중 하나다. 캄캄한 어둠 속에서 사진을 촬영하는 것도 납득하기 어려운 일인데, 나무 벽이라든가 불투명한 고체를 투과하여 사진을 촬영한다는 데 이르러서는, 이미 기적에 가깝다고 할 수밖에 없다.

바야흐로 스크루지가 메어리 몸을 투시하여 그의 코트 등에 붙어 있는 두 개의 주석 단추를 보았다는 디킨스의 공상이 실현되었다. 우리는 이제 인체에 박힌 총탄의 위치를 사진으로 찍어서 규명할 수 있게 되리라. 돌을 쌓아 만든 담벼락도 카메라의 폭로에 대해서는 방어의 구실을 다하지 못하리라.

레일리는 훨씬 훗날에 이르러 이 발표에 관하여 다음과 같이 적고 있다.

뢴트겐의 발견은 그 어떤 실험적 발견보다도 전무후무한 열광을 일으켰다. 대개의 물리 실험실은 손바닥의 X선 사진을 촬영하는 장치를 갖추고, 그것을 여러모로 사용하였다.
예컨대 이 발견이 공식 발표된 직후에, 톰슨(Sir Joseph John Thomson, 1856년~1940년) 교수는 케임브리지 대학의 캐번디시 연구소(케임브리지 대학에 있는 물리학 연구소)에서 강연한 뒤, 그 강연회에 참석한 한 부인의 손을 사진 촬영하고 현상해서 청중들에게 보여 주었다.

어떤 사람들은 뢴트겐이 사람의 뼈를 촬영할 수 있는 일종의 카메라를 발명했다고 여겼다. 일부 신문에서도 이 발견을 '사진 기술의 혁명'으로 일컬은 사실도 어찌 보면 당연하다. 실제로 어느 과학 잡지의 편집장은 X선의 발견에 대해 이렇게 평했다.

장차 뼈나 손가락에 낀 반지밖에 안 보이는 초상화 사진을 찍고 싶어

하는 사람은 아무도 없을 것이다.

일부 사람들은 이 새로운 발견으로 거리의 사진사가 '체면을 손상시키는' 알몸 사진을 촬영할 수도 있지 않을까 더럭 겁을 먹고 있었다. 실제로 런던의 어느 모험적인 회사는 X선을 통과시키지 않는다는 보장을 내건 속옷을 선전했을 뿐만 아니라, 실제로 그것을 팔아서 한 재산을 벌었다고도 한다.

《펀치》지는 다음과 같은 운문을 만들어 발표하기도 하였다.

오오, 뢴트겐! 그럼 그 뉴스는 참말인가.
터무니없는 소문은 아니란 말이렷다.
우리들 하나하나에게
그대의 무자비스런 무덤의 유머에
조심하라고, 가르치는 그 뉴스는…….
우리는 질색이라네. 스위프트 박사처럼
근육을 고스란히 빼 버리고 뼈만 남은 모습이 되다니.
우리 몸의 여기저기에 난 조그만 틈새와 관절을
그대가 멋대로 관찰하도록 내맡기다니.

우리는 오직
우리 서로가 보통 모습으로

가지런히 옷을 입은 사진을
보고 싶을 뿐.
그대의 '벌거숭이' 보다도 고약한
인물 묘사 따위
우리는 제발이지 질색이라네.

호색에 호사로 뽐내는 시골 멋쟁이 신사도
애인의 해골 사진은 달가워하지 않을 테지.
동경하는 눈초리로 눈독을 들였다간
참말이지 지겨운 놈이라고 퇴짜맞기 마련일세.

(외과 수술에서의 이용)

　한편으로 진지한 학자들은 이 신비로운 광선이 인류에게 막대한 은혜를 베풀 거라는 사실을 깨닫고 있었다. 특히 의사들은 외과 수술에서 X선이 곧 중요한 기능을 발휘할 거라는 사실을 꿰뚫어 보았다. 뢴트겐의 X선 발견에 관한 논문이 처음으로 뷔르츠부르크의 의학 협회에서 읽혀진 사실은 주목할 만한 일이다.

　외과는 X선과 밀접하게 제휴한 첫 기술이었다. 1896년 1월 20일, 베를린의 어느 의사는 손가락 속에 박힌 유리 조각을 검출하였다. 2월

7일, 리버풀의 의사는 X선으로 한 소년의 두개골에 박힌 총탄을 뽑아 냈다. 4월에는 맨체스터의 한 대학 교수가 사살된 여성의 머리를 X선 으로 투과하여 사진으로 촬영할 수 있었다.

그로부터 몇 해가 지난 뒤, 톰슨은 외과 의학에서 X선의 가치를 다음과 같이 요약하였다.

X선의 외과 응용을 발전시켜서 외과 의사에게 가장 강력한 진단 방법을 제공한 뢴트겐보다 인류의 고통을 구제하는 일에 이바지한 사람은 아마도 없을 것이다.

의사는 X선을 그 밖의 방면에서도 널리 이용한다. 예컨대 암세포를 죽이고, 백선(피부병 중 하나)과 같은 질병을 치료하는 데도 쓰인다.

공업 부문에서도 X선의 이용 가치는 지대하다. 특히 **야금** 분야에서는 X선을 사용하여 주조된 철의 조직 속에 금이 간 곳이라든가 갈라진 틈새를 검출할 수 있게 되었다.

야금이란?
광석에서 순수한 금속 성분을 뽑아 내거나 합금을 만드는 일

16

방사능의 발견

형광을 연구한 베크렐 집안

우라늄염을 사용한 실험

새로운 방사선의 발견

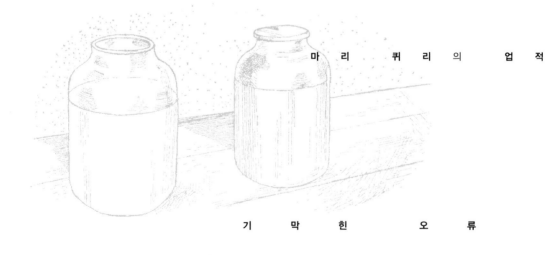

마리 퀴리의 업적

기 막 힌 오 류

뢴트겐이 행운의 관찰로 그토록 중대한 발견을 이룬 지 서너 달 뒤, 또다른 과학자는 X선이 왜 나오는가를 고찰하고 하나의 실험을 실시하였다. 이 실험은 방사능의 발견이라는 뜻하지 않은 결과를 가져왔다.

형광을 연구한 베크렐 집안

X선이 만들어질 때, 크룩스관의 유리벽에 음극선이 부딪히면 옅푸른 빛을 낸다. 이 빛은 음극선을 차단하면 곧 사라진다. 빛이 나는 부분을 과학 용어로는 '형광을 발한다.'고 한다.

형광은 몇 가지 물질에 햇빛이 부딪히면 발생하며, 그 물질은 파란 빛깔로 빛난다. 또한 그 빛은 그 물질들을 어두운 곳으로 넣으면 곧 사라진다.

그 밖의 몇몇 물질도 햇빛을 쐬면 역시 빛이 나지만, 형광 물질과는 달리 어두운 곳에 넣어도 짧은 시간 동안 빛난다. 이들을 '인광 물질'이라고 부른다. 형광과 인광은 많은 점에서 매우 닮아 있다.

프랑스의 저명한 과학자 에드몽 베크렐(Edmond Becquerel, 1820년~1891년)
과 그의 아들 앙리 베크렐(Antoine Henri Becquerel, 1852년~1908년)은 19세기
후반에 우라늄을 전문적으로 연구했다. 우라늄은 당시만 해도 매우 진
기한 광석이었다. 그 결과, 아버지는 우라늄염의 형광에 관한 상세한
논문을 썼다. 그의 아들은 이 발광 현상에 대해 때로는 인광이라고 부
르기도 했는데, 여기서는 혼란을 피하기 위해 양쪽 현상에 대하여 모
두 형광이라는 말을 쓰기로 한다.

(우라늄염을 사용한 실험)

베크렐이 사용한
인광계

1896년 1월, 앙리 베크렐은 파리에서 처음 실시된
X선 사진 전시회를 관람했다. 그는 X선이 크룩스
관 유리의 형광을 내는 부분에서 만들어진다는 말
을 듣고 X선에 대해 관심을 갖기 시작했다.

그는 생각했다.

'만약에 형광을 내는 유리가 X선을 생기게 하
는 것이라면, 그 밖의 형광 물질도 X선을 내지 않
을까?'

물론 그는 베크렐 집안에서 대대로 관
심의 대상이 되어 온 우라늄염을 상기하

고 있었다. 마침내는 자신의 의문점을 실험으로 풀어 보고자 했다. 그래서 황산칼륨우라늄으로 불리는 소금을 사용하여 간단한 실험을 계획하였다. 그가 이 소금을 처음 만든 것은 1896년보다 훨씬 이전으로서, 아버지의 형광 실험을 돕기 위해서였다.

그 실험은 두꺼운 검정 종이로 싼 사진 건판이 햇빛에는 감광되지 않으나 X선에는 감광한다는 사실을 바탕으로 하고 있었다. 그는 건판을 싸는 검정 종이에 우라늄염의 결정체 하나를 붙였다. 그 가까이에 은화 한 닢을 붙이고 그 위에도 같은 결정체를 놓았다. 그런 다음 이 건판을 양지바른 데 놓아 형광을 발하게 하였다.

베크렐은 형광을 발하는 결정체가 X선도 발하려니 예상하고 있었다. 첫째 결정체에서 방출된 X선은 건판 위에 뚜렷한 결정체의 흔적을 비쳐 낼 것이다. 또, 둘째 결정체에서 방출된 X선은 은화로 저지되어, 건판 위에 은화 모양의 그림자를 비쳐 낼 것이라 예상했다.

베크렐이 건판을 현상해 보니, 과연 예상대로의 결과가 나와 있었다. 첫째 결정체의 흔적이 있고, 또 은화가 있었던 곳에 윤곽이 뚜렷한 검은 그림자가 나타나 있었다. 이에 따라, 형광을 내고 있는 우라늄염은 X선을 방출한다고 추정되었다.

1896년 2월 26일, 그는 실험을 되풀이해 보았다. 지난번과 같이 검정 종이에 싼 사진 건판에 우라늄염과 은화를 붙여서 문 밖에 내놓았다. 그 날은 흐린 날씨여서, 이튿날까지 결정체가 그대로 빛을 받도록 하였다.

그런데 그 이튿날도 흐렸다. 그러고 보니, 이틀 동안에 쐰 일광의 양을 합쳐 보아도, 결정은 아주 적은 형광을 내는 데 지나지 않을 것이었다. 베크렐은 하는 수 없이 사진 건판에 결정체와 은화를 붙인 채, 어두운 장롱 속에 들여 놓았다. 날씨가 좋은 날에 다시 꺼내어 햇빛을 쐬게 할 작정이었다. 그런데 그 뒤의 이틀 동안도 흐린 날씨여서 사진 건판을 그대로 현상하기로 했다.

그가 결정체가 일광을 조금밖에 쐬지 않았으므로 희미한 영상밖에는 나타나지 않았을 것이라 예상했다. 그러나 예상을 뒤엎고, 건판 위의 결정의 흔적과 은화의 그림자는 지난번 실험 때와 똑같을 정도로 밝았고, 윤곽도 똑같이 뚜렷하였다. 그는 매우 놀랐다.

새로운 방사선의 발견

이 실험의 결과는 우라늄염의 결정이 희미한 형광밖에 내지 않는 때에도 X선을 방출한다는 사실을 증명하는 것 같았다. 베크렐은 여기서 참으로 빼어난 착상을 얻었다. 그것인즉 이 소금의 결정은 빛을 쐬지 않고도 X선을 방출하는 것은 아닐까 하는 생각이었다. 이 생각을 입증하기 위해서는 다시금 실험할 필요가 있었다.

베크렐은 지난번처럼 결정과 은화를 붙인 사진 건판을 마련하였다. 그러나 이번에는 일광을 쐬지 않고 어두운 장롱 속에 며칠 동안 놓아 두기만 하였다. 며칠이 지나서 그 건판을 현상해 보니, 역시 뚜렷한 결정의 흔적과 은화의 그림자가 나타나 있었다. 이 사실은 우라늄염의 결정이 형광을 내지 않았는데도 X선을 방출한 사실을 입증하는 것으로 보여졌다.

베크렐은 계속 실험을 되풀이한 결과, 이러한 결론에 확실한 뒷받침을 얻었을 뿐 아니라, 우라늄의 그 밖의 화합물, 또는 우라늄 금속 자체도 형광을 발하든 발하지 않든 상관없이 X선을 방출한다고 여기게 되었다.

그에 이어서, 또 하나의 놀라운 발견이 찾아왔다. 우라늄과 그 화합물이 방출하는 선은 사진 건판에 대한 작용은 X선과 닮았지만, 결코 X선은 아니었다. 그것이 지금까지 알려지지 않았던 종류의 선이었던 것이다.

이 선은 발견자의 공을 기려 '베크렐선' 이라고 명명되었다.

마리 퀴리의 업적

베크렐의 우연스런 발견은 올리버 로지(Sir Oliver Joseph Lodge, 1851년~1940년)도 말한 바와 같이, 과학의 새로운 장을 펼치는 계기가 되었다.

1897년, 마리 퀴리(Marie Curie, 1867년~1934년)는 그와 같은 종류의 방사선을 방출하는 물질에 대해 연구하기 시작했다. 그녀는 이미 알려져 있는 거의 모든 물질을 조사한 끝에, 그 가운데 소수의 물질이 방사선을 방출한다는 사실을 알아 냈다. 마리 퀴리는 그러한 물질들을 '방사선 물질' 이라고 이름 붙였다.

그러나 마리 퀴리의 가장 중요한 발견은, 우라늄을 포함하는 광석 피치블렌드(pitchblende: 역청우라늄광)는 그 속에 존재하는 우라늄의 양으로 예상되는 이상으로 강한 방사선을 방출한다는 사실이었다. 그녀는 피치블렌드가 우라늄 외에도 또 다른 방사선 물질을 함유하고 있음에 틀림없다고

피치블렌드

믿었다. 그런 생각으로 길고도 지루한 실험을 되풀이한 끝에, 그녀는 1t 가량이나 되는 광석에서 극히 소량의 새로운 미지의 원소를 입수할 수 있었다. 마리 퀴리는 그것을 '라듐(radium)' 이라고 이름 붙였다. ■

퀴리가 발견한 라듐과 폴로늄은 모두 방사성 원소다. 당시 방사선의 연구는 광범위하게 진행되었지만, 그 위험에 대해서는 거의 알려지지 않고 있었다. 따라서 마리 퀴리는 아무 대책 없이 방사선에 노출되었고, 결국 그로 인해 발병한 백혈병으로 숨졌다. 마리 퀴리의 장녀인 이렌(Irene Joliot-Curie, 1897년~1956년: 1935년 노벨 화학상) 역시 인공 방사선 연구를 하다가 백혈병으로 숨졌다.

베크렐의 발견 이전에는, 모든 과학자들이 원자야말로 가장 작은 입자이며 어떠한 방법으로도 그것을 쪼갤 수는 없다고 굳게 믿고 있었다. 그런 마당에 원소가 무엇인가를 방출한다는 베크렐의 발표는 과학자들을 매우 곤혹스럽게 하였다. 그들은 이 선이 무엇으로 이루어진 것일까를 궁금히 여기며 고개를 갸

웃거렸다.

1902년까지의 연구 결과, 과학계는 이런 해답을 얻어 냈다. 이들 선은 극히 작은 물질 입자를 내포하고 있으며, 그것은 원소의 원자에서 쪼개져 나온 것임에 틀림없다는 것이었다. 이리하여 원자보다도 조그마한 입자가 있다는 사실과 방사선 원자는 저절로 쪼개진다는 사실이 과학의 역사에서 처음으로 확인되었다.

과학자들은 그렇게 저절로 쪼개지는 현상을 가리켜 방사성의 '붕괴'라 하였고, 이를 일으키는 성질을 '자연 방사능'이라고 하였다.

우라늄 등의 원자가 붕괴되어 입자를 방출할 때 막대한 에너지가 방출된다는 사실이 밝혀졌다. 어떤 추산에 따르면, 1g의 라듐은 1t의 석탄이 천천히 탈 때와 같은 에너지를 방출한다고 한다.

그러나 또다른 계산에 따르면, 이 에너지가 모두 방출되기까지는 2000년 내지 3000년이나 걸린다. 그렇게 오랜 시간이 걸리기는 하지만 물질이 에너지로 바뀌어 간다는 사실은 명백하였다.

원자에 대한 새로운 발견은 몇백 년 전부터 확립되어 온 견해와 크게 상반되는 것이었음은 물론이다. 베크렐의 발견이 준 충격을 헨리 데일(Sir Henry Hallett Dale, 1875년~1968년: 영국의 의학자이자 생물학자)은 다음과 같이 적고 있다.

1897년, 케임브리지 대학 재학생의 모임인 자연 과학 클럽의 회의에서 나의 동기생 스트러트(영국의 물리학자 레일리 경. 그의 부친은 저명한 물리학자이

며 비활성 기체의 공동 발견자.)가 우리에게 베크렐의 발견에 관해 설명해 주었다. 나는 참석자의 한 사람[■]이 의심스러운 듯이 이렇게 대꾸한 사실을 기억하고 있다.

"이봐, 스트러트, 만약에 베크렐의 이야기가 사실이라면, 그것은 에너지 보존의 법칙과는 상반되는 것이 아닐까?"

그에 대한 스트러트의 대답은 자못 진취의 정신으로 가득 차 있어서, 나는 언제 회상해도 마음 속이 흐뭇해진다.

"그렇다네. 베크렐이 신뢰할 수 있는 관찰자라는 사실은 내가 장담하네. 그러나 그럴수록 에너지 보존의 법칙[■■]을 위해서 그만큼 사태는 심각하다는 거야."

물론 이와 같은 발견이 출발점이 되어 지식이 큰 폭으로 확대되고, 의학에 봉사하는 물리학적 수단의 보고가 될 줄이야, 그들 중 누구 하나도 깨닫지는 못하고 있었다.

베크렐의 발견은 의학에 크나큰 이익을 가져다 준 라듐의 발견을 유도하였을 뿐 아니라, 원자 폭탄과 나아가서 평화 목적을 위해 이바지하게 될 거대한 에너지원을 인간에게 선물하게 된 '원자의 분열'을 발견하게 한 것이다.

기막힌 오류

이렇게 주요한 발견들이 1896년 2월 말, 며칠 동안 햇빛이 밝게 비치지 않은 데서 비롯되었다는 사실은 생각하면 할수록 참으로 기막힌 일이다.

더 어이가 없는 것은 스트러트 교수도 말한 바와 같이, 베크렐의 연구가 실행된 것은 세 가지의 그릇된 가정을 세운 결과였다는 점이다. 그 첫째는, X선이 형광을 발하는 유리로 만들어진다는 가정이었다. 이것은 사실이 아니었다. 둘째는, 형광을 발하는 유리가 X선을 방출하므로, 다른 형광 물질도 당연히 X선을 방출할 것이라는 가정이었다. 이 또한 그릇된 것이었다. 셋째는, 우라늄염은 형광을 발하지 않더라도 X선을 방출할 것이라는 가정이었다. 이것 역시 오류였다. 우라늄염이 방출하는 것은 X선이 아니었던 것이다.

스트러트 교수는 이에 대해 다음과 같이 평하였다.

이토록 훌륭한 발견이 일련의 잘못된 실마리를 추구한 덕택으로 이루어졌다는 사실은 참으로 신기한 우연의 일치다. 과학의 역사에서 이와 맞먹을 만한 사례가 또 있을지 의심스럽다.

원 자 핵 분 열 의 발 견

영 국 , 원 자 폭 탄 계 획 에 나 서 다

사상 최대의 과학 도박

위 기 일 발 의 탈 출

운 명 을 건 기 습 작 전

평 화 와 신 의 자 비

원 자 폭 탄 의 완 성

히 로 시 마 에 내 린 파 멸 의 비

과 학 의 올 바 른 사 용 을 위 하 여

1945년 8월 6일, 일본의 히로시마에 일찍이 없었던 강력한 폭탄이 투하되었다. 적군에 대해 사용된 최초의 원자 폭탄이었다. 그것은 넓은 지역에 걸쳐 엄청난 파괴를 가져다 주었다. 제2차 세계 대전이 끝난 뒤, 당시의 미국 대통령이었던 트루먼은 이 폭탄의 발명과 제조야말로 '역사상 최대의 과학에 관한 도박'이었다고, 전시의 기밀을 고백했다.

히로시마 리틀 보이

원자핵 분열의 발견

원자 폭탄의 발명은 우라늄을 비롯한 그 밖의 방사성 원소의 원자가 파괴된다는 베크렐의 발견에서 비롯되었다. 그 뒤 많은 과학자들은 연구에 몰두하였고, 급속한 진보를 이룬 결과로 달성된 성과가 바로 원자 폭탄이었다. 어떤 종류의 원자가 스스로 분열한다는 베크렐의 발견은 과학자들로 하여금 원자를 실험실에서 인공적으로 파괴할 수는 없을까 하는 생각을 하고, 그것을 시도하게 한 것이었다.

그 때까지 알려진 자연 산출 원소 가운데서 가장 무거운 원자를 갖는 것은 우라늄으로서, 가장 가벼운 수소 원자의 238개 분량의 무게를 지니고 있었다. 그런데 이 우라늄 원자조차도 지극히 작은 것이어서, 몇백만 개를 모아도 핀의 머리만한 크기도 되지 않는다. 원자는 그처럼 작은데, 그것도 더 작은 입자가 모여서 구성되는 것이다.

원자는 두 개의 주요 부분으로 이루어진다. 그 하나는 중심의 원자핵이며, 전기적으로는 플러스로 대전한 입자와 중성의 입자로 이루어져 있다. 또 하나는 바깥 부분으로서, 마이너스로 대전한 전자가 원자핵의 둘레를 둘러싸고 있다.

1932년에는 매우 중요한 실험이 성공하였다. 케임브리지 대학의 코크로프트(John Douglas Cockcroft, 1897년~1967년)와 월턴(Ernest Thomas Sinton Walton, 1903년~1995년)이라는 두 과학자가 실험실에서 원자를 파괴시켜 본 것이다. 그러나 이 실험에서 파괴된 원자의 수는 상대적으로 보면 극히 적은 것이었다.

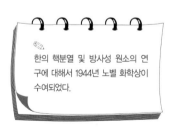

한의 핵분열 및 방사성 원소의 연구에 대해서 1944년 노벨 화학상이 수여되었다.

그로부터 6년 뒤 독일의 과학자 한(Otto Hahn, 1879년 ~1968년)■과 슈트라스만(Fritz Strassmann, 1902년~1980년)이 우라늄 원자를 연구하여, 이것이 케임브리지 대학에서의 실험과는 다른 방식으로 붕괴된다는 사실을 규명했다. 이 연구로 가까운 장래에는 몇백만 개나 되는 원자핵을 연달아 파괴시켜 순식간에 전부를 파괴시킬 수 있을 것이라는 사실이 밝혀졌다. 이렇게 새로 발견된 파괴의 방식은 '원자핵 분열'로 명명되고, 이것이 급속도로 연속해서 일어나는 과정 전체는 '연쇄 반응'이라고 불리게 되었다.

과학자들은 연쇄 반응으로 막대한 에너지가 방출된다는 사실을 잘 알고 있었다. 실제로 제2차 세계 대전이 일어난 1939년에는 대규모의 원자 에너지 생산이 가까운 장래에 실현되리라는 사실이 분명해져 있었다. 이런 발견에는 아무런 비밀도 없었다. 전쟁 전의 과학계는 과학자들이 연구 성과라든가 발견 경위의 상세한 내용을 자유로이 교환하였기 때문이다.

만약에 제2차 세계 대전이 일어나지 않았더라면, 과학자들은 틀림없이 산업에서의 원자 에너지의 이용을 위해 연구를 집중했을 것이다. 그러나 제2차 세계 대전으로 말미암아 영국에서의 연구는 진행 방향이 완전히 바뀌었다. 정치가들 또한 적극적으로 원자에 관심을 기울이게 되었다.

영국, 원자 폭탄 계획에 나서다

1940년 4월, 영국의 공군성은 과학자들을 모아 특별 위원회를 만들었다. 전쟁이 끝나기 전에 원자 폭탄을 만들 수 있는지 그 가능성을 조사하기 위해서였다. 그리고 위원회는 수천 t의 트리니트로톨루엔 (trinitrotoluene, 약칭하여 TNT)을 채운 폭탄 — 그만한 무게를 1개의 폭탄에 채워 넣을 수 있다고 가정해서 — 처럼 강력하지만, 비행기로 운반할 수 있을 정도로 가벼운 폭탄을 만들어 낼 수 있을 것이라는 결론을 내 놓았다.

영국 정부는 이 결론을 받아들여서, 1941년 11월에 특별히 전시 대책국을 설립하고 그 연구를 위탁하였다. 이 부서는 기밀을 유지하기 위하여 '관합금 위원회'라 불렀다.

영국의 정치가들은 폭탄 제조에 관한 과학자들의 이야기를 듣고, 독일 역시 그러한 무서운 무기를 만들 수 있다는 공포감을 느꼈다. 그들은 독일 과학자들도 원자를 분열시키는 연구에 몰두하고 있다는 사실을 사전에 알고 있었던 것이다.

이미 말한 바와 같이, 전쟁 전에도 독일 과학자들은 원자핵 분열에 관하여 지극히 중요한 발견을 하였다. 만일 독일 과학자들이 전쟁 중에 새로운 발견을 이루고, 그것을 이용하여 원자 폭탄을 만들어 낼 수도 있는 일이었다.

독일이 한 걸음 앞서서 이 새로운 전쟁 무기를 만들어 낼지도 모른다고 추정하는 근거는 또 하나 있었다. 우라늄이 발견되는 곳은 전세계에 몇 군데 없었다. 그 가운데 하나가 체코슬로바키아에 있는데, 그 나라는 이미 독일에 점령되고 말았던 것이다.

이리하여 여러 명의 과학자들이 차출되어 원자력 연구에 동원되었다. 비용도 얼마나 들지 예상 불가능했지만 아낌없이 투입되었다. 거기에 또 수백 명의 숙련된 기술자와 기능공들까지도 이 연구를 돕게 되었다.

(위기 일발의 탈출)

또 하나의 커다란 걱정거리는 원자력 연구에 매우 소중한 '중수(重水)'▪가 노르웨이에서밖에는 생산되지 않는다는 사실에 있었다. 중수는 보통의 물과 유사한 것이지만, 보통의 물보다 분자량이 크다. 당시는 특별히 설계된 장치를 통해 한 방울

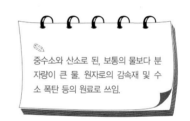

중수소와 산소로 된, 보통의 물보다 분자량이 큰 물. 원자로의 감속재 및 수소 폭탄 등의 원료로 쓰임.

한 방울씩 매우 느린 속도로밖에는 만들 수가 없었다. 더군다나 이를 제조하고 있는 곳은 세계에서 노르웨이의 '노르스크 하이드로' 회사 하나뿐이었다.

1940년 초엽, 프랑스 정부는 그 때까지 저장되어 있는 중수를 전량 구매하겠다고 노르스크 하이드로 사의 경영진과 절충을 시작했다. 그 경영자들은 독일의 보복을 두려워하여, 최대한 비밀을 지키겠다는 조건으로 중수의 판매에 동의했다.

이리하여 사실상 전 세계의 중수 전부가 프랑스로 반입되었다. 그것은 정말로 위기 일발의 아슬아슬한 순간에 프랑스에 도착했다. 왜냐하

면 불과 수 주일 뒤, 독일 군대가 노르웨이를 침입하여 그 곳을 점령해 버렸기 때문이다.

그러나 중수는 곧 또 한 번의 큰 여행을 하지 않으면 안 되었다. 1940년 6월, 이번에는 프랑스가 독일군의 군화 아래 짓밟히고 말았기 때문이다. 다행히도 소수의 지도적인 프랑스 과학자들은 용케 피신할 수 있었다.

그들은 약 165ℓ나 되는 귀중한 중수 전량을 가지고 프랑스의 어느 항구에 이르렀다. 그 항구에는 영국의 기선이 정박하고 있었다. 프랑스 과학자들이 짐을 꾸려 승선하자, 기선은 부랴부랴 출범하여 대서양을 달렸다.

이윽고 기선이 도착한 곳은 영국이었다. 그 뒤 중수는 케임브리지의 캐번디시 연구소로 옮겨졌고, 그 곳에서 원자 폭탄의 연구에 큰 힘을 발휘하게 되었다.

운명을 건 기습 작전

독일군이 노르웨이를 점령한 뒤, 노르스크 하이드로 공장에서 생산된 중수가 독일 과학자들 손에 들어갔음은 물론이다. 따라서 연합군 지도자들은 그 생산을 방해할 공작을 추진하지 않으면 안 되었다. 그 계획은 1942년부터 43년 겨울에 걸쳐서 추진되었다.

대담한 공격 계획이 수립되었다. 그 계획은 노르웨이의 망명자 중 노르스크 하이드로 사에서 일한 적이 있고, 더욱이 공장 안의 파괴하기 쉬운 중요한 부분을 알고 있는 사람들이 제공한 정보를 바탕으로 이루어졌다. 사보타주(sabotage: 태업) 훈련을 받은 소수의 연합군 요원과 노르웨이 요원은 주어진 정보를 바탕으로 특별 공격대를 편성하였다.

최초의 기습 부대는 영국에서 파견되었으나, 습격은 성공하지 못했다. 이어서 두 번째 습격이 결행되었다. 젊은 노르웨이 인으로 편성된 기습대는 프털링 폭격기로 공수되어 낙하산으로 공장 부근에 잠입하였다.

그들은 노르스크 하이드로 공장을 경비하는 독일군의 눈을 속이고 공장 안으로 침입하였다. 지하실로 숨어 들어가자마자 가장 중요한 장치에 고성능 폭약을 놓고 도화선에 불을 붙였다. 폭발은 장치의 거의 대부분을 파괴하였을 뿐만 아니라, 6개월 동안 제조하여 저장한 중수를 모두 날려 버렸다.

공장 안에서의 사보타주 공작이 순조로이 진행되고 있었다. 따라서 독일은 항복할 때가지 중수 생산 기능을 회복할 수 없었다.

한편, 이로부터 꽤 시일이 지나서 독일군의 항복이 가까워졌을 때였다. 연합군은 수리된 노르스크 하이드로 공장을 될 수 있는 대로 손상 없이 수복할 뜻을 세웠다.

젊은 장교 하우겐(Lieut Haugen)은 또 다시 낙하산으로 노르웨이에 상륙했다. 그는 영국 비행기가 떨어뜨린 무기로 1,000명의 민병대를 조직하였다.

드디어 독일군의 철수 예정 2일 전, 그들은 공장을 습격했다. 경비병들은 공장을 미리 폭파하라고 명령을 받았지만, 그 예정일 전에 공격을 받고 순순히 항복하고 말았다.

또 하나의 대담한 모험은 1943년 11월에 실행되었다. 당시 덴마크의 레지스탕스 단체는 나치스가 덴마크의 유대 인을 뿌리째 검거하기로 결정하고, 닐스 보어(Niels Henrik David Bohr, 1885년~1962년)의 체포를 명령했다는 사실을 탐지했다. 보어는 코펜하겐 대학의 물리학 교수로, 당시 원자 에너지의 연구에서는 세계에서 선두를 달리는 과학자였다.

지하 운동의 지도자들은 치밀한 작전으로 보어 교수를 빼돌리는 데 성공했고, 게슈타포(비밀 경찰)의 손에서 피신시킬 수 있었다. 보어는 무사히 스웨덴에 상륙하였다.

스웨덴의 지방 경찰들은 미리 그를 게슈타포의 손아귀에서 지켜 주기로 약속되어 있었으므로, 그가 가는 곳마다 안전을 보장해 주었다. 마침내 영국 비행기로 무사히 영국에 닿자, 보어 교수도 곧 연합국의 원자탄 연구를 돕게 되었다.

평화와 신의 자비

연합국의 정보 기관은 독일을 비롯한 그 점령 지구 안에서 원자 연구가 진행되고 있음직한 장소에 관해 보고하였다. 연합군 폭격기는 그런 장소를 골라 폭격을 가하곤 하였다.

영국은 독일군이 복수 작전으로 영국의 원자 연구를 추진 중인 지점을 공격해 오려니 예상하고 있었다. 그에 따라 연구 작업은 1942년에 미국으로 옮겨져, 그 곳에서 매우 빠른 속도로 진행되었다.

거대한 조직이 설립되어, 수많은 과학자들의 팀이 각기 특수한 연구 부문을 담당하여 여러 연구소에서 바삐 움직였다. 몇천 명이나 되는 노동자들이 갖가지 부품을 만들고 있었다. 그러면서도 그들 서로는 남이 무슨 일을 하는지는 전혀 모르는 채 오직 각자의 일에만 몰두하였다.

이와 같은 작업은 모두 극소수의 위원으로 구성된 위원회의 지휘 아래 추진되었다. 또 그들도 독일의 과학자들이 먼저 원자 폭탄을 만들지나 않을까 하는 공포감에 쫓기고 있었다.

연합국의 과학자들이 당면한 문제는, D-데이(연합군이 노르망디에 기습 상륙한 날)까지 해결되지 않았다.

연합국의 지도자들은 독일 과학자들의 연구 작업이 어느 정도까지 진행되었는가에 관하여 갖가지 추측들을 하였다. 혹시 연합군이 점령한 지역에서 어떤 단서라도 잡히지나 않을까 하는 의구심도 있었다. 그런 가능성을 탐색하기 위해 과학자들로 구성된 팀이 D-데이의 이튿날 프랑스에 상륙하였다. 그들은 최전선 부대의 바로 뒤를 따라 진격하며 단서를 찾아 내라는 명령을 받았다.

연합국 연구팀은 '우란 파일(uranium pile)'로 불리고 있는—원자로의 초기 명칭—커다란 탑을 사용하였다. 그 탑은 차가운 물에 담가 놓고 있어야 했으므로, 큰 강의 기슭에 건립되었다. 물은 파일 속을 통과하는 동안에 방사능을 띠게 되었다.

연합국은 만일 독일이 원자를 깊이 연구하고 있다면, 그들 역시 우란 파일을 사용하고 있을 것이라 생각했다. 그러므로 선두 부대를 뒤따라 전진한 이들 과학자들은 독일군에 점령되었던 지역 및 본토의 큰 강에서 각기 물의 샘플을 채취하였다. 강물이 방사능에 오염되었는가 아닌가를 확인하라고 명령받은 것이었다.

모든 조사를 통하여 어디에도 방사능은 없다고 확인되었다. 이로 미루어 연합국은 원자 에너지 이용의 경쟁에서는 훨씬 앞서 있는 것 같았다. 어쩌면 처칠(Winston Leonard Spencer Churchill, 1874년~1965년: 영국의 정치가)의 말처럼 신의 자비로 영국과 미국의 과학은 독일의 모든 노력을 멀리 뒤로 따돌리고 있었는지도 모른다.

독일은 원자 폭탄 제조 연구에서 연합국이 두려워하고 있는 만큼 진전되지 않았다는 사실이 점점 밝혀졌다.■ 그들의 원자 에너지 연구는 대부분이 산업으로의 응용에 치중되어 있었다.

아인슈타인이 발견한 E=MC²이란 공식은 원자 폭탄의 어마어마한 에너지를 명확히 설명해 준다. 그러나 아인슈타인은 원자 폭탄 연구에 실제적으로 관여하지는 않았다. 독일보다 먼저 원자 폭탄을 개발해야 한다는 내용으로 루스벨트 대통령에게 편지를 보냈을 뿐이었다. 그러나 훗날, 독일이 원자 폭탄을 만들 기술이 없다는 걸 알았더라면, 편지조차도 쓰지 않았을 거라며 후회하였다.

그와 같이 진전이 뒤늦은 데에는 몇 가지 이유가 있었다. 그 중에서도 특히 오토 한의 태도는 주목할 만했다. 이미 언급했다시피, 그는 1939년 당시 독일에서 가장 뛰어난 원자 과학자의 한 사람이었다. 독일에서 원자 연구팀을 이끌고, 폭탄 제조를 성공시킬 수 있는 인물은 아마 그밖에 없었으리라는 점에는 의심의 여지가 없었다.

실제로 오토 한은 전쟁 중에 베를린의 카이저 빌헬름 화학 연구소에서 원자 에너지에 관한 매우 중요한 연구를 성취하였다. 그리고 1942년에는 원자 에너지를 사용하여 동력을 얻는 일이 실행 가능하다고 알고 있었으며, 나아가 원자 폭탄마저 착상하고 있었다.

1950년에 쓰여진 그의 저서에는 이런 말이 적혀 있다.

독일은 히틀러에 의해 지배되고 있는데, 만일 원자 에너지가 그의 수중에 들어가면 전 인류의 파멸을 초래할지도 모른다. 그러기에 제2차 세계 대전 기간 동안 나는 원자 에너지의 이용을 평화를 목적으로 하는 데에만 돌리고 있었다.

그는 장치의 부족이 연구에 상당히 방해가 되었다고 시인하였다. 또 나중에 알게 된 일이지만, 독일은 전쟁의 마지막 서너 달 동안 큰일을 해내기가 거의 불가능했다. 기술적인 자재가 부족한데다가, 공장은 끊임없이 폭격당했기 때문이었다.

원자 폭탄의 완성

독일이 항복한 뒤에도 연합국은 폭탄을 만드는 노력을 계속하였다. 그리고 최초로 1945년 7월에 시험할 준비가 완료되었다.

그것은 2만 t의 TNT 화약보다도 강력하고, 폭파력은 그 때까지 사용된 가장 큰 폭탄의 2,000배를 넘는 가공할 파괴 무기였다. 이 첫 호를 만드는 데 5억 파운드의 비용이 소요되었고, 12만 5천 명의 인원이 계획 고용되어, 대부분 2년 반 동안에 걸쳐 작업에 종사하였다.

독일과의 전쟁은 5월에 끝났지만, 일본은 아직 연합국과 싸우고 있었다. 드디어 폭탄이 마련되었으니 권력자 중 누군가가 그것을 실제로 사용할 것인가 하는 문제를 결정해야 했다.

처칠 수상과 트루먼 대통령은 포츠담에서 회담을 갖고 폭탄을 사용하기로 합의하였다. 그런 다음 이들은 소련의 지도자 스탈린에게 '비길 데 없이 큰 힘을 가진 폭발물'을 일본에 대해 사용할 것임을 예고하였다.

먼저 일본 정부에 대하여 항복을 요구하는 최후 통첩을 보내기로 했다. 그리고 일본에 "무조건 항복을 하지 않으면 그들의 도시는 완전히 파괴될 것."이라고 경고하였다.

연합국이 경고를 하였지만 일본 정부의 총리는 이 요구를 받아들이지 않았다. 그러면서도 연합국은 스탈린을 통하여 교섭하는 노력을 은

밀히 계속하고 있었다.

7월 16일, 최초의 원자 폭탄 시험은 성공했다. 그러나 연합국이 가지고 있는 원자 폭탄은 단 두 개뿐이었다. 더 만들려고 해도 오랜 기간이 소요되었다.

며칠 사이에 폭탄은 부랴부랴 태평양을 건넜다. 1945년 8월 6일, 원자 폭탄은 투하될 모든 준비를 마치게 된 것이다.

히로시마에 내린 파멸의 비

나가사키
팻맨

그 날, 일본 히로시마의 아침은 맑게 개어 태양이 눈부시게 빛나고 있었다. 이 도시는 도쿄처럼 요새화된 항구 도시였다. 그 곳은 군수품 보급의 주요 기지로서, 조선소와 방적 공장 및 군수 공장이 모여 있었다.

공격은 예고 없이 개시되어, 히로시마 사람들에게 아닌 밤중에 홍두깨 같은 놀라움을 안겨 주었다. 폭발 후 1분도 지나기 전에 수만 명의 남녀와 어린이가 무참히 학살되었다.

그 대부분은 폭발에 따르는 무서운 열 때문에 불타 죽은 것이었다. 도시의 중심부는 건축물이고 가로수고 가릴 것 없이 모조리 쓸려, 마치 불도저로 밀어붙인 듯한 양상이었다.

같은 날, 트루먼은 방송 연설을 통해 일본인에게 호소하였다. 만약 그들이 연합국의 평화 조항을 받아들이지 않는다면 지상에서 일찍이 보지 못한 '파멸의 비'가 공중에서 내리 퍼부어질 것을 각오해야 된다는 경고였다. 처칠도 같은 내용의 방송을 하였다.

이 경고도 아랑곳하지 않고 일본이 항복을 하지 않자, 불과 사흘 뒤에 두 번째 폭탄이 나가사키에 투하되어 똑같이 참혹한 결과를 초래하였다.

이 두 번째 타격이 비로소 일본을 무너뜨렸다. 나가사키에서의 대량 학살도 히로시마에서의 그것과 다름없이, 차마 눈뜨고 볼 수 없는 참상이었다.

그 가운데 약 10만 5,000명이 사망했고, 나머지는 부상자다.

정확한 숫자는 발표되지 않았으나, 도쿄의 라디오 방송이 보도한 추정에 따르면 두 도시 합하여 28만 명의 사상자를 냈다고 한다. ▪

일본의 국왕은 전부터 개인적으로는 무조건 항복을 받아들이기를 주장하고 있었다. 일이 이쯤 되자 비로소 **다이혼에이** 안에서도 다수의 지지를 받게 되었다.

다이혼에이란?
일명 대본영. 전쟁시에 설치되는 일본의 최고 통수 기관.

원자 폭탄
투하

그리고 8월 10일, 일본 정부는 "이 이상 전쟁을 계속함으로써 인류
의 머리 위에 퍼부어지는 재해로부터 그들 자신을 구제하기 위해, 적
대 행위를 어서 바삐 종결짓기를 강하게 희망한다."고 발표하였다.

상상 최대의 과학 도박

과학의 올바른 사용을 위하여

연합국은 독일의 과학자들이 한 걸음 앞서 원자 폭탄을 만들 것을 두려워하여 저돌적으로 계획을 추진하였다. 그러나 만일에 독일의 원자 연구에 관한 실태를 알고 있었다면 그러한 공포를 느낄 필요는 전혀 없었을 것이다.

그러나 연합국 지도자들이 적을 두려워한 것은 정녕코 현명한 일이었다고 할 것이다. 왜냐하면 독일인들이 원자 폭탄을 만들 수 있고, 또 틀림없이 만들었을 것으로 믿어도 되는 이유가 수두룩하였기 때문이다.

또 한편, 이와 같은 과학의 도박은 독일과 전쟁을 수행한다는 점을 놓고 말한다면, 수지타산의 측면에서 전혀 이로운 것만은 아니었다.

레이더, 자기 기뢰(磁氣 機雷), 잠수함 탐지법 등 공격을 위한 수많은 전술 무기의 제조 분야에서 많은 과학자들을 빼내어 원자 폭탄 계획에 투입한 결과는 전쟁을 수행하는 노력에 지대한 지장을 초래하였다. 더구나 독일은 폭탄이 완성되기 전에 패배해 버렸던 것이다.

일본의 지도자들이 원자 폭탄의 첫 투하 후 불과 4일 만에 항복한 것은 사실이다. 그러나 전문가들은 일본이 어차피 그 해 가을을 넘기지 못하고 항복할 수밖에 없었으리라는 점에서는 의견을 같이 하고 있었다.

그런 점에서 과연 원자 폭탄을 사용해야만 했던가, 아니면 사용을 보류해야 했던가 하는 문제는 오래도록 시비가 계속될 것이다.

그러면서도 운명의 1945년 8월 6일에 처칠이 기록한 다음의 글은 많은 사람들로 하여금 공감을 불러일으켰다.

지금까지 오랫동안 자비롭게도 인간의 손이 미치지 못하는 곳에 놓여 있던 자연의 비밀이 폭로된 사실은, 사물을 이해할 수 있는 모든 인간의 가슴과 머리와 양심에 극히 엄숙한 반성을 불러일으켜야 마땅하다. 우리는 모름지기 이 가공할 힘이 세계의 평화를 위해 공헌하고, 또한 지구 전체에 예측할 수 없는 대대적인 파괴를 초래하지 않고, 끊임없는 세계 번영의 샘물이 되게끔 마음 속으로 기원하지 않으면 안 될 것이다.

두 젊은이가 일자리를 얻다

패러데이, 왕립 연구소에 고용되다

촌 놈 머 독 의 여 행

인 재 를 알 아 본 사 람

1791년 요크셔 지방의 한 대장장이가 런던 으로 이사해 왔다. 그는 얼마 뒤에 병들어 눕더니, 아들 마이클 패러데 이(Michael Faraday, 1791년~1867년)가 태어나기 직전에 죽고 말았다. 그의 가 족은 무일푼이 되었다. 패러데이는 어려서부터 생계를 위해 일하러 다 니지 않으면 안 되었던 것이다.

열세 살이 되자, 패러데이는 어느 책 가 게에서 일하게 되었다. 그의 주된 일거리는 신문 배달이었다. ▪

한 해가 지나자, 이번에는 어느 제본소 에 도제로 들어가서 일을 배웠다. 이 일은 그의 장래에 크나큰 영향을 주었다. 패러데 이는 제본 작업에서 자신의 손을 거쳐 나가는 많은 책을 열심히 탐독 하였다.

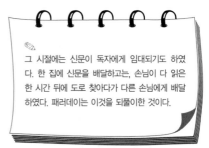

그 시절에는 신문이 독자에게 임대되기도 하였 다. 한 집에 신문을 배달하고는, 손님이 다 읽은 한 시간 뒤에 도로 찾아다가 다른 손님에게 배달 하였다. 패러데이는 이것을 되풀이한 것이다.

그 가운데 특히 한 권의 책이 강한 인상을 주었다. 그것은 마셀 (Marcel) 부인의 《화학에 관한 대화》로, 그 시절의 화학 교육에 널리 쓰이 던 책이었다. 그 책은 소년 패러데이에게 처음으로 화학의 재미를 맛 보게 하였다.

두 젊은이가 일자리를 얻다

얼마 뒤, 패러데이는 과학을 테마로 한 야간 강연회를 자주 들으러 다녔다. 그는 강연 내용을 소상히 적었을 뿐 아니라, 그 기록을 제본하여 멋진 책으로 만들었다.

그런 가운데, 그의 생애에 기념이 될 만한 날이 왔다. 제본소의 고객 중의 한 사람이 유명한 험프리 데이비의 과학 강연회에 그를 데려다 준 것이다.

데이비는 당시 왕립 연구소에서 과학에 관한 알기 쉽고 재미나는 강연을 하여 상류 사회의 청중들을 매료시키고 있었다.

패러데이는 언제나 습관처럼 강연을 고스란히 기록하여 나중에 깨끗이 정서하였다. 그것을 묶어서 제본을 했더니 조그맣게 접은 386페이지짜리 예쁜 책이 되었다.

취직을 부탁하다

패러데이는 그 뒤의 일에 대해서 다음과 같이 말했다.

나는 내가 종사하고 있는 장사라는 게 악덕이며 이기적이라고 생각하였다. 그와는 달리, 과학은 그것을 추구하는 사람을 거룩하고 자유롭게 한다고 생각했다. 어떻게 해서든 장사를 떠나 과학을 통한 봉사의 길로 들어서고 싶다는 소망이 강하였다.

마침내 나는 당돌하게도 험프리 데이비 경에게 간단한 편지를 썼다. 나의 소원을 적고, 만일 기회가 닿는다면, 나의 기대에 부응해 주십사 하는 희망을 표현하였다. 동시에 나는 그의 강연을 기록하여 제본한 책을 보내었다.

데이비가 이 편지를 받은 것은 1812년의 크리스마스 직전이었다. 그는 마침 찾아온 친구에게 그 편지를 보이며 말했다.

"자, 어쩐다지? 패러데이라는 젊은이가 편지를 보내 왔는데, 그는 내 강연을 듣고 왕립 연구소에 일자리를 얻어 달라는 거야. 내가 무엇을 할 수 있을까?"

친구는 서슴없이 대답했다.

"그 젊은이에게 병 씻는 일이라도 시키게. 쓸모 있는 인간이라면 그 일이라도 당장 할 것이고, 그게 싫다면 아무 보잘것없는 사람이지."

데이비는 그 말을 거부했다.

"아냐, 그래선 안 되지. 우린 좀더 나은 방법으로 그 젊은이를 시험해 보아야 해."

데이비는 패러데이란 21세의 젊은이에게 흥미를 느꼈다. 그래서 그에게 친절한 답장을 써 보내고 1월 하순에 만나기로 약속했다.

이윽고 두 사람은 반갑게 만났다. 데이비는 패러데이에게 지금은 일자리가 없다고 말할 수밖에 없었다. 그리고 패러데이에게 제본하는 일을 계속하도록 충고하기를 잊지 않았다.

왜냐하면 과학이란 '가혹한 여주인' 같은 것이며, 금전적인 면에서 보면 '과학에 대한 봉사에 헌신하는 사람들에게 한 줌밖에 보답하지 않기 때문'이라고 설득하였다.

그러면서도 데이비는 자신이 출판하는 책의 제본 일을 모두 패러데이에게 맡기겠다고 약속해 주었다.

패러데이, 왕립 연구소에 고용되다

과학에만 몰두하는 과학자가 되려는 패러데이의 노력은 물거품처럼 스러지는 듯했다. 패러데이는 낙담할 수밖에 없었다. 그러나 얼마 뒤에 어느 누구도 예측할 수 없는 우연한 일이 생겼다. 그 일은 패러데이에게 중요한 기회가 되었다.

1813년 초엽, 왕립 연구소의 실험실에서 사환으로 근무하던 월리엄 페인(William Payne)이 출세길로 접어들어 기구 제작자 뉴먼(Newman) 씨를 돕게 되었다. 그의 주된 일거리는 장치의 청소와 수리였다. 그런데 페인과 뉴먼 사이는 원활하지 못하여 툭하면 충돌을 빚곤 하였다.

어느 날 밤, 연구소의 관리자가 강의실에서 들려온 떠들썩한 소리에 놀라 달려가 보니 두 사람이 맞붙어서 심한 언쟁을 벌이고 있었다. 뉴먼 씨는 젊은이에게 의무를 게을리하고 있다고 꾸짖었고, 그에 대한 반발로 페인은 상사에게 한방 먹여 준 것이었다.

관리자는 싸움을 말렸고, 나중에 그 사실을 이사들에게 보고하였다. 그 결과, 페인은 파면되었다.

여기서 데이비는 일자리를 찾고 있던 젊은 패러데이가 생각났고, 빈 자리를 그에게 맡겨 보기로 했다.

어느 날 밤, 웨이머스 스트리트의 제본소에서 옷을 벗고 있던 패러데이는 문을 쾅쾅 두드리는 큰 소리에 놀라 밖을 내다보았다. 문 앞에는 마차가 멎어 있었다. 문을 열어 주자, 마부가 들어와서 그에게 편지를 전해 주었다. 그것은 데이비 경의 편지로, 내일 아침에 찾아와 달라는 전갈이었다.

이튿날 아침 패러데이가 데이비 경을 찾아갔더니, 데이비는 전에 만났을 때의 취직 부탁을 꺼내면서 패러데이의 뜻이 지금도 변함이 없느냐고 묻는 것이었다.

그리고는 만일 일자리를 바꾸겠다면 그에게 왕립 연구소의 실험실 조수자리를 주마고 제안하였다. 급여는 일 주일에 25실링이며, 건물의 꼭대기에 있는 두 방이 배당된다는 말도 덧붙였다.

패러데이는 기쁨에 넘쳐 그 자리를 받기로 하였다.

그에게 주어진 직무는 강의 전의 준비를 맡을 것, 강의 중에는 강사나 교수 곁에서 도울 것, 도구와 장치가 필요할 때는 주의 깊게 모형실 또는 실험실로부터 그것을 강당으로 옮겨 올 것, 도구와 장치를 사용한 뒤에는 청소한 뒤 원래의 위치에 갖다 놓을 것, 수리할 필요가 있는 사고가 나면 이사에게 보고할 것, 그러기 위하여 날마다 일지를 쓸 것,

매주 하루는 창고 안의 모형을 깨끗이 정돈할 것, 적어도 한 달에 한 번은 유리 상자 속의 모든 기구를 깨끗이 청소하고 먼지를 털 것 등이었다.

패러데이는 이처럼 하잘것없고, 그러면서도 꼭 필요한 일을 맡아 하게 되었다. 그러나 패러데이는 이 일에 오래 머물러 있지 않았다. 데이비를 비롯한 여러 사람들은 얼마 안 가서 패러데이의 뛰어난 능력을 알아보았고, 그가 보다 나은 일에 적합하다고 생각했기 때문이다.

이 때부터 패러데이는 놀랄 만큼 빠르게 출세의 길을 달렸다. 그리고 12년 뒤, 마침내 험프리 데이비의 뒤를 계승하는 왕립 연구소의 실험 책임자가 되었다.

그 후로 40년에 걸쳐 패러데이는 그 곳에서 과학 연구에 종사하여 온갖 빛나는 업적을 이루었다. 그 업적들은 모두 인류에게 영원한 이익을 가져다 주었다.

촌놈 머독의 여행

젊은 기술자 윌리엄 머독(William Murdock, 1754년~1839년)이(화학편 제13장 참조) 고용된 경위는 마이클 패러데이의 경우만큼이나 극적이다.

1754년, 그는 영국 스코틀랜드의 조그만 시골 마을에서 태어났다. 아버지는 농부이자 물레방아를 다루는 목수였다. 그 아버지의 피를 이

어받았는지 윌리엄도 솜씨가 꽤 좋았다. 그는 나이가 스물세 살이 되기까지는 물레방아 목수로 일하며 지냈다.

머독은 어려서부터 연구욕이 강하였다. 소년 시절에 이미 질이 나쁜 석탄에 열을 가하여 가스를 만드는 간단한 실험을 해 보기도 하였다. 이렇게 일찍부터 싹튼 발명의 재능에 타고난 손재주가 결합된 결과, 그는 기계 기술을 일생의 직업으로 택하기로 마음을 굳혔다.

그러나 젊고 야심찬 기술자가 고향땅에서 할 만한 일이라고는 별로 없었다.

그런 젊은이들은 대부분 버밍엄에 있는 와트(James Watt, 1736년~1819년)와 볼턴(Matthew Boulton, 1728년~1809년)의 대규모 공장에서 일하고 싶어했다. ■

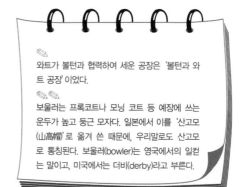

와트가 볼턴과 협력하여 세운 공장은 '볼턴과 와트 공장'이었다.

보울러는 프록코트나 모닝 코트 등 예장에 쓰는 운두가 높고 둥근 모자다. 일본에서 이를 '산고모(山高帽)'로 옮겨 쓴 때문에, 우리말로도 산고모로 통칭된다. 보울러(bowler)는 영국에서의 일컫는 말이고, 미국에서는 더비(derby)라고 부른다.

마침내 머독은 버밍엄으로 가서 이 진보적인 회사가 자신을 고용해 줄지 확인해 보고자 뜻을 세웠다. 그런 의향을 어느 친구에게 말했더니, 그 친구는 이런 충고를 해 주었다.

"자네, 보울러(bowler)■■를 쓰고 가게. 남쪽에서는 웬만한 젊은이들은 모두 그것을 쓰고 다닌다네."

머독은 친구의 충고에 따라 보울러를 마련했다. 그가 이 모자를 쓰

고 스코틀랜드에서 버밍엄까지 터덜터덜 걸어간 모습을 상상해 볼 만
하다. 그 먼길을 역마차로 갈 만도 하지만, 요금이 비싸서 도저히 탈
수가 없었다.

인재를 알아본 사람

목적지인 공장에 이르자, 그는 제임스 와트에게 면회를 청하였다.
하필 와트가 이 날은 출타 중이어서, 볼턴이 사무실에서 그를 맞아 주
었다.

볼턴은 처음에 자신을 고용해 달라는 머독의 요청에 제대로 대답도
하지 않았다. 마침 그 때는 불경기여서 빈 자리가 없었던 것이다.

볼턴은 그래도 마음씨가 따사로운 사람이어서, 머독이 일자리를 구
하러 그렇게 먼길을 찾아온 사정을 알고는 가엾게 여기며 말을 건네
주었다.

머독은 시골의 젊은이가 으레 그렇듯이, 이런 훌륭한 인물과 대화를
나누는 데 흥분했고, 또 수줍어서 손을 어디다 놓고 있어야 할지 몰라
쩔쩔매었다. 그는 자신도 모르게 보울러 모자를 만지작거리고 있었다.

이 때 볼턴도 젊은이의 손을 따라 그의 모자를 눈여겨보았다. 그것
은 흔히 쓰이는 펠트(양털로 만듦)나 헝겊을 재료로 만든 것이 아니었다.
아무리 보아도 전혀 다른 재료로 만들고 거기에 색칠을 한 것 같았다.

직접 만든 모자를
보이고 있는 머독

볼턴과 와트의 전기를 쓴 스마일스(Smiles)는 그 뒤의 경위를 이렇게 적
고 있다.

볼턴은 "허허, 그것 참 매우 색다른 모자로군." 하며 더욱 유심히 모자

를 바라보았다. 그가 이어서 "그래, 이 모자는 무엇으로 만들어졌지?" 하자, 머독은 "나무입니다, 선생님." 하고 조심스럽게 대답했다. "나무라고? 자넨 그것이 나무로 만들어졌다고 말하는 건가?" 하고 볼턴이 놀라서 묻자, 머독은 "예, 그렇고말고요."라며 아무렇지도 않게 답했다. 볼턴이 다시 "그것 참! 그래, 어떻게 만들었지?" 하고 묻자, "제가 만든 대패로 돌려가면서 깎았습니다." 하고 머독이 답하였다.

볼턴은 젊은이의 얼굴을 새삼스럽게 유심히 살펴보았다. 그의 채점은 일시에 몇십 점이나 올라갔다. 젊은이는 키가 훤칠했고, 곱상하게 생겼으며, 정직해 보였고, 또 영리해 보였다.

게다가 제 손으로 만든 대패를 손수 돌려서 자신의 목제 모자를 깎아 만들 수 있다는 사실은 그가 기계공으로서도 만만치 않은 기능의 소유자임을 나타내고 있었다.

인물을 식별하는 데 뛰어난 재능을 갖춘 볼턴에게는 이것만으로도 충분한 증거였다. 눈앞에 있는 젊은이가 타고난 기계공임은 확실했다.

젊은이는 이리하여 그 자리에서 일 주일에 15실링을 받기로 하고, 2년 동안 고용되기에 이르렀다. 그 뒤의 경력은 출세, 또 출세의 연속이 되어, 마침내는 어떠한 기계의 조작에서도 고용주들이 가장 신뢰하는 매니저가 되었다.

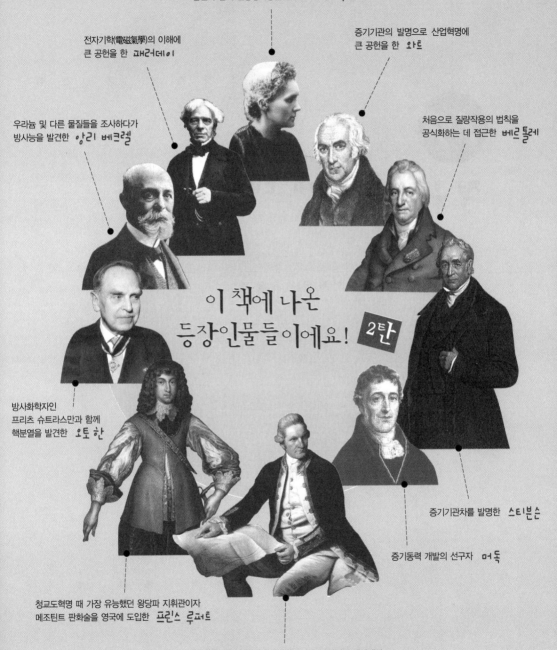

남편과 함께 인공방사능을 연구한 마리 쿠리

전자기학(電磁氣學)의 이해에
큰 공헌을 한 패러데이

증기기관의 발명으로 산업혁명에
큰 공헌을 한 와트

우라늄 및 다른 물질들을 조사하다가
방사능을 발견한 앙리 베크렐

처음으로 질량작용의 법칙을
공식화하는 데 접근한 베르톨레

이 책에 나온
등장인물들이에요! 2탄

방사화학자인
프리츠 슈트라스만과 함께
핵분열을 발견한 오토 한

증기기관차를 발명한 스티븐슨

증기동력 개발의 선구자 머독

청교도혁명 때 가장 유능했던 왕당파 지휘관이자
메조틴트 판화술을 영국에 도입한 프린스 루퍼트

남극 대륙의 빙원에서 베링 해협까지, 북아메리카 해안에서
오스트레일리아와 뉴질랜드까지 3차례에 걸쳐 태평양을 탐험한 쿡

237

적국 과학자에 대한 배려

제 너 에 대 한 **나폴레옹의 경의**

만 찬 회 에 서 생 긴 일

20세기에 있었던 두 차례의 세계 대전을 통하여, 서로 적대하는 각 나라 과학자들의 지식은 조국의 뜻대로 이용되었다. 예컨대 이 《케임브리지 과학사》에서도 다룬 탱크의 발명과 제작이라든가 독가스의 사용, 또는 원자 폭탄의 제조 등이 그것이다.

물론 기밀은 몇 백 가지나 되는 그 밖의 연구 계획에 대해서도 엄중히 보안이 유지되어야 했다. 그래서 두 대전을 통틀어 적국 화학자들 사이에 통신 연락의 길은 막혀 있었던 것이다. 만약에 적국의 과학자와 연락을 시도했다가는, 영락없이 최고의 이적(利敵), 반역 행위로 몰려 처벌되었을 것이 뻔했다.

그렇다고 적국 과학자에 대한 태도가 어느 시대에나 공통되었느냐 하면 반드시 그런 것은 아니었다. 1803년에 쓰여진 재미있는 편지가 그 점을 똑똑히 나타내고 있다.

그 해의 영국과 프랑스는 나폴레옹 전쟁으로 서로 눈에 핏발을 세우고 있었다. 따라서 국민 감정도 날카롭게 가시 돋쳐 있었다. 그런 상황이었는데도, 당시의 영국 왕립 학회 회장인 뱅크스(Joseph Banks, 1743년 ~1820년)는 프랑스에서 그와 같은 지위에 있는 사람, 즉 국립 연구소 회장에게 다음과 같은 편지를 띄웠다.

본인이 귀국 프랑스에 있는 영국인 학자들과 통신 연락을 취한다고 해서, 그들을 정치적 목적으로 이용한다고 비난하지는 말아 주시기 바랍니다. 또 명성과 영예를 지닌 우리 영국의 신사들이 과학적 정보를 주고받을 목적으로 귀국을 방문하는 경우라도, 공적인 일을 하나 할 때마다 스파이 활동을 한다는 누명을 쓰게 하고 싶지는 않소이다. 만약에 이 같은 보장이 불가능하다면, 제가 두 나라 과학자들 사이에 끊임없이 유효한 의사 소통을 보장할 수는 없게 될 것입니다.

그러나 덧붙여 말하건대, 전쟁 중에 뱅크스가 이같이 프랑스와 교제 관계를 유지한 데 대하여, 영국인 전체가 호의적인 눈초리로 관망한 것은 결코 아니었다는 점이다.

프랭클린과 쿡 선장

북아메리카의 영국 식민지 주민들이 영국에 대하여 독립을 선언한 (제12장 참조) 몇 해 뒤인 1779년, 뱅크스는 또 하나의 적에 대해서 감사의 말을 전하였다.

당시 식민지인 아메리카 대륙과 모국인 영국 사이에 몇 해 동안이나 계속된 전투 때문에, 1777년에는 양국의 적대감이 극도에 이르고 있었다. 북아메리카측은 적의 상선을 포획하도록 허가한 조그만 무장 민

선, 이를 테면 '사략선'을 동원하여 영국의 상선을 습격하였던 것이다. 그 시절에 역시 영국과 싸움을 벌이고 있던 프랑스는 그들 사략선에게 기지를 제공하여 활동을 도와 주기도 했다.

1768년부터 79년에 걸쳐, 영국의 쿡(James Cook, 1728년~1779년) 선장은 남쪽 바다로 배를 타고 나가, 오늘날 **오스트랄라시아**로 불리는 구역에서 새로운 탐험을 하였다. 그는 일찍이 벤자민 프랭클린과도 사귀어 온 사람이었다.

오스트랄라시아(Australasia)란? 오스트레일리아와 뉴질랜드 및 그 일대의 남태평양 제도를 포함한 지역.

프랭클린은 과학자였을 뿐만 아니라 새로 태어나는 아메리카 합중국의 지도적 정치가이기도 하였는데, 때마침 그 나라를 대표하여 프랑스의 궁정에 파견되어 있었다. 그러한 프랭클린이 1779년 3월 10일에 보낸 공적인 서한을 살펴보자.

현재 영국과 교전 중인 미국 의회의 위임을 받고 행동하고 있는 모든 무장선의 선장 및 지휘관 여러분에게

이 전쟁이 개시되기 전, 영국에서는 미지의 바다에 있는 새로운 나라를 발견할 목적으로 매우 유명한 항해가이자 발견자인 쿡 선장의 지휘 아래, 한 척의 배가 장비를 갖추고 파견되었습니다.

이 계획 자체는 참으로 찬양할 만한 일이라 할 수 있습니다. 지리학에 관한 지식이 확대될수록, 각국에 필요한 생산품과 제품이 교환됨으로써 멀리 떨어져 있는 나라들 사이의 통신이 쉬워지고, 인간 생활에 공통적인 기쁨을 주는 예술이 확대되며, 과학의 발전도 증진되어 인류

적국 과학자에 대한 배려

전반의 이익에 보탬이 되기 때문입니다.

이 배가 머지않아 유럽 근해로 돌아올 것으로 예상되는 마당에, 나는 여러분에게 진심으로 권고하고자 이 편지를 쓰게 되었습니다. 만일 이 배가 여러분의 손에 들어갈 경우, 여러분은 그를 적으로 대하지 말고, 그 배에 실린 재물에 대해서도 약탈하는 일이 없게 해 주십시오. 또한 배를 억류하거나 유럽의 다른 곳 또는 아메리카로 보내거나 함으로써 배가 곧바로 영국으로 돌아갈 수 없도록 방해하는 일을 하지 말아 주십시오.

쿡 선장과 그 부하들에게 더없이 정중하고 친절하게 대하여 인류 공동의 벗으로서 그들에게 필요할지도 모를 원조를 힘닿는 데까지 베풀어 주기 바라는 바입니다. 그렇게 함으로써 여러분은 여러분 자신의 관대한 처사에 만족할 뿐만 아니라, 의회와 여타 미국 선장들의 지지를 얻을 것임에 틀림없습니다.

B. 프랭클린 드림

1779년 3월 10일, 파리 근교의 파시에서

프랭클린은 이 서한을 독단적으로 발송하였으나, 의회는 이를 사후 승인해 주었다. 그러나 불행하게도 프랭클린이 보낸 통행증이라는 선물이 도착하기 전, 쿡 선장은 새로 발견한 육지의 원주민들의 손에 살해되었다.

쿡 선장의 사망 소식이 영국에 전해진 뒤, 프랭클린의 오랜 벗인 호

(Howe) 경은 통행증 사건의 경위를 듣게 되었다. 호 경은 영국 해군성을 대신하여 프랭클린에게 쿡 선장의 《태평양 항해기》를 한 권 보내고 싶다고 국왕에게 아뢰었다. 조지 3세는 내켜하지 않았으나, 하는 수 없이 이를 승인했다. 국왕은 이 무렵에 프랭클린에 대하여 악감정을 품고 있었기 때문이다(제12장 참조).

왕립 학회의 회장 뱅크스는 예전에 쿡과 같이 탐험 항해를 한 일이 있었다. 뱅크스의 제안에 따라 왕립 학회는 쿡의 항해를 기념하는 메달을 만들기로 하고, 특히 몇 개의 메달은 순금으로 주조하기로 의견의 일치를 보았다. 그리고 협회는 그 금메달 중 하나를 '반역자 프랭클린'에게 증정하기로 결정하였다. 이리하여 뱅크스는 프랭클린 앞으로 금메달을 급송하였는데, 그에 덧붙여진 증정서에는 이렇게 적혀 있었다.

당시 귀하의 지휘하에 있었던 미국의 무장선 전체에 대하여, 위대한 항해가를 곤경에 빠뜨리는 일체의 행동을 삼가도록 명령한 귀하의 철학적이고 자유로운 감정을 얼마나 진정으로 존경하는가를 기념하기 위하여.

제너에 대한 나폴레옹의 경의

프랑스의 황제 나폴레옹은 영국에서 가장 두려워하는 강적이었다.

나폴레옹은 역사에 등장한 어느 위대한 장군들 못지않게 전술과 실전에 통달해 있었다. 따라서 적국의 비전투원과의 교제나 우정을 나누려는 일체의 노력에 대하여 으레 못마땅해하였을 것으로 생각될지도 모른다. 그러나 그의 태도는 그렇지 않았다.

나폴레옹은 의학에 깊은 흥미를 기울였다. 특히 국민 건강 개선을 위해 유익할 듯한 새로운 발견에는 세심한 주의를 기울였다. 그래서 제너(Edward Jenner, 1749년~1823년)가 종두법을 발견하자, 즉시 그것이 국민을 위해 크나큰 가치를 지닌다고 판단하였다. 그는 자신의 나이 어린 자식에게 우두를 맞힘으로써 이 새로운 발견에 대한 신뢰를 분명히 드러냈고, 1809년에는 널리 종두를 시행하라는 칙령을 내렸다.

제너는 우두에 감염된 사람이 천연두에 대한 면역을 얻는다는 사실을 알아 냈고, 1796년에는 자신의 8세 된 아들에게 접종하여 실험해 보고는 종두법을 발견했다고 알려져 있다. 그러나 문헌에 따라서는 그것이 제임스라는 8세의 남아를 대상으로 했고, 그 날짜는 5월 14일이며, 7월 1일에 완전 입증한 것으로 되어 있다.

영국과의 전쟁이 개시된 1년 뒤인 1804년, ‘나폴레옹 훈장’ 의 계열 가운데서도 가장 아름다운 훈장 하나가 제정되었다. 그것은 황제가 종두법의 가치를 인정한 데 대한 기념이었다. 그것은 아울러 제너에 대한 개인적인 경의를 나타낼 의도였다고도 일컬어진다. 제너의 전기를 쓴 바론(Baron)은 나폴레옹에 관해서 이렇게 적고 있다.

혁혁한 승리로 빛나는 프랑스 혁명군의 총사령관인 나폴레옹은 파비아(Pavia: 이탈리아 북부의 도시)를 정복할 때 스팔란차니(Spallanzani, 1729년~1799년: 이탈리아 생리학자)■라는 천재에 대한 경의로 파비아 대학을 약탈의 손에서 수호하여, 그를 야심의 최고 정상까지 밀어올린 그 놀라운 여러 사건 사이에서도 과학이 당연히 주장하여야 할 권리를 잊지 않았음을 증명하였다.

스팔란차니(Lazzaro Spallanzani, 1729년 ~1799년)는 동물 실험의 원조로 일컬어지는 이탈리아의 생물학자다. 1768년에 파비아 대학 교수였다. 개구리, 개 따위로 인공 수정과 재생 실험을 하였고, 또 자연 발생설을 반증하였다.

또한 인턴으로서 프랑스에 유학 중이던 두 명의 영국인이 구금되자, 제너가 그들의 석방을 탄원하였다. 나폴레옹은 그 탄원을 거절하려 했으나, 이 때 황후 조제핀(Josephine, 1763년~1814년)이 제너의 이름을 들먹거렸다. 그 순간, 황제는 크게 놀라서 "뭐, 제너라고? 음, 그 사람의 부탁이라면 무슨 일도 거절할 수 없지!"라고 외쳤고, 그 결과 두 영국인에게는 자유가 주어졌다고 한다.

만찬회에서 생긴 일

나폴레옹은 전쟁 중에 또 한 명의 영국인 과학자에게도 영예를 베풀었다. 볼타가 전기를 만들어 내는 화학적 방법을 발명한(제13장 참조) 지 얼마 안 되어, 나폴레옹은 해마다 전기에 관한 가장 우수한 실험적 연구에 대하여 메달과 3,000프랑의 상금을 수여하기로 발표하였다. 1807년, 때마침 영국과 프랑스는 전쟁을 벌이고 있었는데도, 그 상은 영국인 험프리 데이비에게 수여되었다. 이에 대해 한 저술가는 이렇게 평했다.

볼타의 전지는 영국인 화학자의 손에 의해 영국군의 모든 대포로도 결코 창출할 수 없는 것, 영국의 우월성에 대한 마음 깊은 곳에서 우러나오는 존경심을 얻게 하였다.

데이비는 이렇게 술회하고 있다.

일부 사람들은 내가 이 상을 받아서는 안 된다고 말한다. 신문에도 그런 취지의 바보스러운 단평이 실렸다. 그러나 나는 과학자의 힘으로 국가 간의 치열한 적개심을 완화할 수 있다고 믿는다.

뒷날 데이비는 프랑스 왕립 연구소의 제1급 통신 회원으로 선임되어, 전쟁 중에 프랑스를 방문하였다. 그에 관하여 다음과 같이 기술되어 있다.

프랑스의 학자들이 이 영국인 철학자를 맞이하여 포옹하였을 때의 관대함과 가식 없는 친절과 그 배려에 버금 갈 만한 것은 일찍이 없었다.

그들의 행위는 과학이 국가의 증오심을 이겨 내고 극복한 것이나 다름이 없었다. 그것은 천재에 대한 경의였으며, 그것을 베푼 사람이나 그것을 누리는 사람으로서도 똑같이 찬양되어 마땅한 것이었다.

험프리 데이비는 기념 축제의 만찬회에도 초대되는 영예를 누렸다. 그 자리에서는 런던의 왕립 학회와 런던의 린네 학회를 위한 추가 건배도 제의되었다. 이 모두가 프랑스와 영국이 한창 전쟁을 벌이고 있을 때의 일이다. 그 만찬회에서는 이런 일도 있었다고 전해진다.

영국인 손님에 대하여 가장 위대한 감정과 배려를 나타낸 것은, 참석자들이 나폴레옹 황제의 건강을 축복하여 건배하기를 거절한 일이었다. 그것은 그들의 개인적 안전을 매우 위태롭게 하는 일이기도 했다. 나중에 나폴레옹이 그 같은 불경스런 표현에 대해 얼마나 노여워할 것인가에 관해서 적지 않은 우려가 그들의 가슴마다에 품어져 있었다.

그러나 나폴레옹이 이를 문제삼지 않고 아무런 행동도 취하지 않았으므로, 모든 일이 잘 마무리되었다.

20

지배자와 과학자

크롬웰 혁명이 폐막되고 찰스 2세(Charles II, 1630년~1685년)가 영국 왕위로 복귀한 1661년 이래, 영국인들은 '통속 과학'에 매우 흥미를 가지게 되었다. 그것은 주로 자연의 지식을 개선하기 위한 런던 왕립 학회(왕립 학회)가 활약한 덕분이었다.

과학을 좋아한 찰스 2세

국왕은 여러 과학적 사항에 깊은 흥미를 갖고 기꺼이 왕립 학회의 후원자가 되었다. 궁정의 많은 신하들을 비롯한 그 밖의 각계 인사들도 그를 따랐다. 급기야 왕립 학회의 회원으로는 남작의 지위를 가진 사람, 의과 대학의 이사, 또 옥스퍼드 대학과 케임브리지 대학의 수학·물리학·자연 철학 교수들이 포함되기에 이르렀다. 고명한 역사학자 매콜리 경(Thomas Babington Macaulay, 1800년~1859년)은 당시의 사람들이 기울인 과학적 관심을 다음과 같이 평한 바 있다.

왕립 학회가 설립된 지 몇 달 뒤부터 실험 과학이 크게 유행하였다. 완

지배자와 과학자

249

전한 형태의 정부를 갖는다는 꿈보다는 인간이 런던 탑에서 웨스트민스터 교회당까지 날아갈 수 있는 날개에 대한 꿈에 더 관심이 컸다.

왕당파와 의회파, 또는 구교도와 청교도도 일시적으로나마 손을 잡았다. 성직자, 법률가, 정치가, 귀족, 왕후들은 승리에 도취했다. 시인은 다가올 황금 시대를 뜨거운 가슴으로 읊었다. 드라이든(John Dryden, 1631년~1700년: 영국 시인, 문화 평론가)은 마침내 왕립 학회가 우리를 지구의 끝으로 인도하고, 거기서 달을 한층 더 아름다워 보이게 해 줄 것이라 예상하였다. 찰스 왕 자신도 화이트홀(영국 런던에 있는 궁전)에 실험실을 마련했는데, 실험실에 앉아 있는 찰스 왕은 회의장에 있을 때보다도 훨씬 생기 있고 침착하였다.

공기 펌프라든가 망원경에 관해 한 마디 말할 수 있는 지식이 훌륭한 신사의 자격이 되었다. 얌전을 빼는 부인네들조차 때로는 과학에 취미가 있는 체해야 격에 어울린다는 생각이 들어서, 자석이 진짜로 바늘에 작용하여 끌어당기고, 현미경이 진짜로 파리를 참새만한 크기로 보여 준다는 사실을 발견하고는 호들갑스럽게 기쁨을 나타내곤 하였다.

(프린스 루퍼트의 물방울)

바이에른 공 루퍼트(Prince Rupert, 1619년~1682년)는 왕립 학회의 가장 열성적인 회원 가운데 한 사람이었다. 그는 찰스 1세의 조카로, 내란 때는 백부의 군대에 속해서 싸웠다. 백부가 패배한 뒤에는 대륙으로 건너가서 왕정 복고 때까지 머물렀다. 그렇게 망명한 기간 동안 그는 과학의 연구에 시간을 소비하며 지냈다. 그의 사촌 찰스 2세가 귀국할 때 함께 영국으로 돌아왔는데, 그 동안의 과학 연구와 발견 덕분에 세계의 왕족 과학자 가운데서도 가장 유명한 사람 중 하나가 되었다.

루퍼트의 주요 연구 가운데 하나는 화약에 관한 것이었다. 그가 전에 군인이었던 경력을 생각하면 별로 놀랄 만한 일은 아니었다. 그는 당시 사용되던 보통의 화약보다도 10배나 강력한 화약을 만들었다고 한다. 그 밖에 광산의 갱내 또는 물 속에서 암석을 폭파하는 방법, 수력 엔진, 탄환을 빗발치듯 발사하는 방법, 항해용 **사분의**의 개량, 총포의 화실(火室)에 대한 개량 등을 연구했다. 또 화학 분야에서는 오늘날 '프린스 메탈(prince's metal)'로 불리는 합금의 조합법과 검은 납을 녹이는 방법들을 발견했다.

> 사분의란?
> 망원경이 발명되기 이전에
> 천체를 관측하던 기구.

그 가운데서도 특히 많은 사람들의 흥미를 끈 발명은, '프린스 루퍼트의 물방울'로 불리는 것이었다. 매콜리는 이것을 "오랫동안 어린이들을 즐겁게 하고 철학자들을 당혹케 한 기묘한 유리알"이라고 말하고 있다. 이것은 1660년에 루퍼트가 영국에 가지고 들어와, 찰스 2세가 그레이섬 칼리지(Gresham College)에서 왕립 학회에 전한 것이었다.

그것은 속이 비지 않은 조그마한 유리덩이로 과일 배를 닮은 형태인데, 올챙이와 같은 긴 꼬리가 달려 있다. 고도로 정제한 유리를 끓여

녹인 뒤 차가운 물에 담가서 만든다. 굵은 대가리 쪽은 매우 단단하여 쇠판 위에 놓고 망치로 두드려도 좀처럼 부서지지 않는다. 그런데 뾰족한 꼬리쪽은 쉽게 부서지며, 그것이 부서질 때는 전체가 날카로운 폭발음을 내고 먼지처럼 부서져 흩날린다. 또 꼬리쪽을 긁어 댄다든가, 어느 깊이까지 홈을 파기만 해도 그렇게 되는 수가 있다. 그런데 이 구조는 간단한 듯하지만, 실제로 만들기는 매우 어렵다는 사실을 덧붙여 둔다.

루퍼트의 물방울은 버틀러(Samuel Butler, 1612년~1680년: 영국의 시인)가 지은 유명한 풍자시 〈휴디브라스(Hudibras)〉에 다음과 같은 서너 줄을 썼을 때에는 널리 세상에 알려져 있었다.

명예란, 철학자들을 그토록 당혹케 한
그 유리알과 같구나.
고작 한 귀퉁이만 쪼개져도 온몸이 날아가 버린다.
온갖 재주와 지혜도 까닭을 규명하지 못한다.

나폴레옹, 전기 충격을 받다

나폴레옹도 찰스 2세처럼 자기 나라의 지도적인 과학 학회에 관심을 기울였다. 그리하여 1666년에 프랑스 왕립 과학 아카데미가 창립되었다.

그는 또 전쟁에서 과학의 중요성을 인식하여, 이집트 정복 때는 과학자들을 데리고 가기도 했다. 그에 관한 다음과 같은 이야기는 거듭 소개할 만한 가치가 있다. 제아무리 강력한 지배자라 할지라도 과학을 제 뜻대로 할 수 없다는 점을 똑똑히 가르쳐 주고 있기 때문이다. 그것은 불과 몇 해 전에 영국의 조지 3세도 뼈저리게 가르침 받은 일이었다 (제12장 참조).

한번은 나폴레옹이 어느 과학자들의 모임에서 데이비가 전기를 사용하여 금속 나트륨을 만들었다는 말을 듣고는, 즉석에서 그런 발견이 왜 프랑스에서는 실현되지 않았느냐고 물었다. 과학자들은 "우리로서는 그토록 강력한 볼타 전지를 만든 일이 일찍이 없었나이다."라고 대답하였다. 나폴레옹은 이에 소리쳤다.

"그럼 우리도 즉시 하나 만들어라. 비용과 수고는 아무리 들어도 상관없다."

이리하여 강력한 전지 하나가 제작되어, 나폴레옹이 그것을 보러 갔다. 그는 극에 연결한 두 개의 도선 끝을 혀에 대면 짜릿한 맛을 느낀다는 말을 들었다. 한 기록에 따르면 나폴레옹은 다음과 같은 황당한 사건을 겪었다.

나폴레옹은 그 말을 듣자 특유의 재빠른 동작으로 전지의 두 도선을 집자마자 자신의 혓바닥 위로 들이밀었다. 함께 있던 과학자들이 뭐라

전기 도선을
혀에 대 보는
나폴레옹

고 주의를 줄 틈도 없었다. 순간, 나폴레옹은 격렬한 전기 충격을 받고 거의 모든 감각을 잃을 지경이 되고 말았다. 한참 만에 그 상태에서 회복되자, 그는 아무 말 없이 실험실을 떠났는데, 그 뒤로는 이에 관해 두 번 다시 입에 올리는 법이 없었다.

혁명 세력의 위협을 물리친 베르톨레

나폴레옹과 전지의 사건이 있기 훨씬 전에, 유명한 프랑스의 과학자 베르톨레(Comte de Claude Louis Berthollet, 1749년~1822년)가 로베스피에르의 명령을 거부했다는 이유로 하마터면 단두대에 오를 뻔한 사건이 있었다. 프랑스 혁명이 절정에 이르고 있을 때, 로베스피에르는 당시 공화국 프랑스의 독재자로서 말 한 마디로 사람을 살리고 죽일 수도 있을 만한 권력을 쥐고 있었다.

베르톨레는 1772년에 오를레앙 공의 시의로 임명되고, 훗날에는 정부의 염료 공장을 관리하는 지위에 오른 사람이다. 그가 이렇게 과학적 명성을 얻고 있을 때 프랑스 혁명이 일어나고, 이어서 유럽의 강대국 전체가 연합하여 공화국 프랑스를 공격하기 시작했다. 오스트리아와 프로이센의 군대는 육지에서 포위하려 들었고, 영국은 바다에서 프랑스를 봉쇄했다.

프랑스는 이 때문에 나라 안의 자원만으로 국가 경제를 운영해 가지 않으면 안 되게 되었다. 그 때까지 프랑스는 화학의 원료인 초석과 쇠를 비롯하여 전쟁에 필요한 그 밖의 모든 물자를 외국으로부터 수입하고 있었다. 물자의 공급이 갑자기 중단되었으니, 프랑스는 이제 적에게 굴복할 수밖에 없는 처지에 놓여 있었다.

공화국의 지도자는 프랑스의 과학자들에게 협력을 요청하였다. 그런 호소에 호응한 과학자 가운데의 하나가 베르톨레인데, 그는 많은 실험을 거친 끝에 프랑스 땅의 흙으로 초석을 제조하는 방법을 알아냈다. 또 쇠를 녹여서 무쇠로 전환하는 방법도 발명했다고 한다. 그가 얼마나 중요한 일을 맡고 있었던가에 관해서는 다음과 같은 평으로 능히 판단할 수 있을 것이다.

외국 군대의 군화 아래 짓밟히는 위기에서 프랑스를 구출한 것은 누가 뭐래도 베르톨레의 열의와 활동 덕분이었고, 그의 총명함과 정직함 때문이었다.

널리 알려져 있다시피, '공포 정치'의 기간 중에 공화 정치의 지도자들은 그들이 말살하려는 사람들을 처형할 구실로 흔히 음모를 적발한 양 꾸며 대곤 하였다. 그런 공포 정치가 절정에 이르렀을 때의 공화국 지도자 로베스피에르는 그의 정적으로 지목되는 많은 사람들을 제거하기 위해 또 하나의 모략을 꾸몄다. 우선 공안 위원회의 모임에서 많은 병사들을 살해하려는 음모가 발견되었다고 발표하였다. 발표에 따르면, 그 음모는 전선으로 떠나려는 병사 또는 병원에 수용되어 있는 병사들에게 보약으로 통상적으로 주어지는 브랜디에 독약이 투입되어 있다는 것이었다. 그에 덧붙여서 입원 중인 병사 가운데는 브랜디를 마신 끝에 이미 중독증을 일으킨 사례도 있다고 주장했다.

공안 위원회는 이 고발에 따라 범인으로 지목된 사람들을 즉각 체포하도록 명령하였다. 그들은 모두 전부터 로베스피에르가 처형할 대상자로 점찍었던 사람들이었다.

이리하여 공안 위원회는 재판에 필요한 증언을 얻기 위해 브랜디의 일부를 베르톨레에게 보내었다. 겉으로는 매우 점잖게 베르톨레에게 분석을 의뢰한 것처럼 보였다. 그러나 그것은 로베스피에르가 정적을 유죄로 몰기 위해 증언을 요구한 것이며, 이 요구에 순응하지 않는 자

브랜디를
마시는
베르톨레

는 누구를 막론하고 확실히 파멸될 것이니 알아서 행동하라는 위협이
곁들여져 있었다.

　베르톨레는 명령에 따라 브랜디를 분석하였고, 그 보고서를 혁명 주
체 세력인 공화국 지도자들에게 보냈다. 그러나 거기에는 단순 명쾌하
게 브랜디에는 아무런 유독 성분도 포함되어 있지 않다고 명기되어 있
을 뿐이었다. 다만 브랜디를 묽게 한 물에는 회색의 미립자가 섞이어
흐려져 있으나, 이것은 거르면 제거될 것으로 보인다고 하였다.

　두말 할 것도 없이 이 보고는 명백히 공안 위원회의 모략 공작을 송
두리째 뒤집어엎는 것이었다.

비위가 상한 공안 위원들은 이 보고서를 쓴 베르톨레를 소환하였다. 그리고 그로 하여금 자신이 한 분석이 부정확하다는 것을 인정하는 보고문을 쓰도록 위협하였다. 그러나 베르톨레는 그 위협에 굴복하지 않고, 자신의 소견을 고집하였다. 로베스피에르는 격분해서 소리쳤다.

"그대는 이 브랜디에 독성이 없다고 어떻게 보장하려 하는가."

베르톨레는 이 말에 대꾸하는 대신 컵에 가득 든 브랜디를 눈앞에서 단숨에 들이켰다. 피에 굶주린 혁명가로 악명 높은 공안 위원회 의장은 할 말을 잃었다. 그리고 겨우 한 마디를 내뱉었다.

"그 브랜디를 마시다니, 그대는 참으로 용기 있는 사람이오."

베르톨레도 나중에 술회하였다.

"나로서는 그 보고서에 서명할 때 오히려 더 용기가 필요했었지."

유혈 혁명의 소용돌이 속에서 독재자를 두려워하지 않은 정직한 베르톨레는 당시의 상황으로 미루어 목숨을 잃었으리라는 데 의심의 여지가 없다. 그러나 공안 위원회는 그 때 베르톨레의 협력 없이는 일을 해 나가기 어려웠던 것도 사실인 모양이다. 아무튼 베르톨레는 기적적으로 살아남아 혁명기를 무사히 넘겼다.

그 뒤, 프랑스 혁명은 엉뚱한 방향으로 흘러 나폴레옹의 시대가 되었다. 나폴레옹이 집권하자 그는 베르톨레의 위대한 능력을 인정하여 온갖 영예를 주었다. 나중에는 그를 귀족의 반열에 올려 특권층으로 대우하였고, 그의 이름 앞에는 백작(de conte)이라는 호칭이 붙게 되었다.

황태자의 용기

빅토리아 여왕의 부군 앨버트(Albert, Prince consort of Great Britain and Ireland, 1819년~1861년)는 매우 규율이 엄격한 사람이었다. 소년 교육에 대한 그의 태도는 "절대로 느슨하고 쉽게 키워서는 안 된다."는 그의 말로 충분히 요약될 수 있다. 프린스 오브 웨일즈 (Prince of Wales)라고 불리는 젊은 황태자, 곧 훗날의 에드워드 7세(Edward Ⅶ, 1841년~1910년)는 그런 엄격한 원리를 바탕으로 한 교육을 받았다.

영국에서는 여왕의 남편을 '프린스 콘소트(prince consort)'라고 부른다.

1859년 10월에 황태자가 외국 여행을 마치고 돌아오면 그 길로 즉시 옥스퍼드 대학에 입학하게 되어 있어, 왕실에서는 그 준비가 모두 갖추어져 있었다. 그런데 황태자는 예정보다 일찍 7월에 귀국했다. 그래서 옥스퍼드로 떠나기까지 3개월 동안의 여유가 생겼다. 그렇다고 이 기간을 휴가로 지내도록 허락되지는 않았다. 앨버트는 그를 에딘버러 대학에 보내어 그 곳에서 면학에 유익한 시간을 보내도록 조처하였다.

이윽고 그에게 면학 과정이 상세히 계획되었다. 그 가운데에는 리용 플레이페어(Lyon Playfair) 박사의 화학 강의도 포함되어 있었다. 이 강의에는 실험을 비롯한 여러 산업의 견학 등 실지의 경험도 편성되어 있었다.

어느 날, 황태자가 스코틀랜드의 귀족 및 부농의 자제들과 함께 강의를 듣고 있을 때, 플레이페어 교수는 이런 질문을 하였다.

"알제리의 기술사들은 어찌하여 뜨거운 쇠를 몸에 대어도 화상을 입지 않을까?"

교수는 이 문제에 관해 "만약 금속을 충분히 높은 온도로 가열하면 이것이 가능하다."고 설명하였다.

이 날, 그는 바로 곁에 커다란 냄비를 놓고, 납을 녹이고 있었다. 납은 백열하며 끓고 있었다. 온도는 1,500℃ 내지 1,700℃ 정도 되었다. 갑자기 교수는 황태자를 향해서 말했다.

"전하가 과학을 믿으신다면, 오른손을 이 냄비 속에 넣어서 끓는 납을 한 움큼 집어 옆에 있는 찬물 속으로 옮겨 넣어 보십시오."

"선생님은 진심으로 그런 말씀을 하십니까?"

황태자가 놀라서 반문하자, 교수는 정색하며 대답하였다.

"전적으로 진심이지요."

황태자도 이제는 물러설 수 없게 되어, "선생님이 하라시면 해 보지요." 하며 앞으로 나아갔다.

이리하여 교수는 황태자의 손을 암모니아로 깨끗이 닦아 내었다. 혹시 묻어 있을지도 모르는 기름기를 제거한 것이다.

마침내 준비가 완료되자 황태자는 끓고 있는 납 속에 손을 넣어 납을 건져 올렸다. 기적과도 같이 황태자의 손은 조금도 데이지 않았다.

이 일은 황태자가 언제나 명령받은 일을 순순히 실행하는 사람이었음을 입증한다. 또한 어느 정도까지 그에 대한 교육이 순조롭게 실시되었음을 증명하는 것이기도 했다. 그러나 한편으로는 황태자의 크나 큰 용기를 입증하는 것이기도 했다. 비록 프레이페아와 같은 유명한 과학자의 명령이라 할지라도 황태자와 같이 행동할 수 있는 용감한 사람은 거의 없을 것이기 때문이다.

이 사건은 또한 기름기가 없는 완전히 깨끗한 손은 끓는 납 속에 넣어도 화상을 입지 않는다는 과학적 사실을 참으로 극적으로 말해 준다. 이것이 가능한 것은 피부에서 나오는 자연적인 수분이 납과 피부 사이에서 일종의 쿠션으로 작용하기 때문이다. 그 때 납은 조그만 방울이 되어 손에서 튕겨나간다. 마치 수은을 넣은 접시 속에 손을 넣으면 조그만 수은의 방울이 손에서 튕겨나가는 현상과 같다.

이 이야기를 끝내면서, 혹시 어느 젊은 화학자가 손수 이를 실험해 보고 싶어할지도 모르니 엄격한 경고를 해 둘 필요가 있겠다. 미리 손을 어떻게 처리해야 하는가를 알지 못하는 한, 경험 없는 사람은 녹은 납 속에 손을 집어넣기 전에 자칫 큰 화상을 입을 염려가 크다. 입이 닳도록 강조하건대, 전문가의 감독 없이는 어느 누구든 이 실험을 함부로 해서는 절대 안 된다.

고대로부터의 두 수학 문제

정 육 면 체 의 배 적 문 제

아 폴 로 신 탁 의 숨 은 뜻 은

예수가 태어나기 500년 전에 이탈리아 인 제논(Zenon, 기원전 490년경~기원전 430년경)■은 고국을 떠나 그리스로 가서 철학자 밑에서 공부를 하였다.

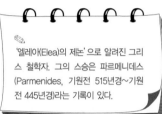

'엘레아(Elea)의 제논'으로 알려진 그리스 철학자. 그의 스승은 파르메니데스(Parmenides, 기원전 515년경~기원전 445년경)라는 기록이 있다.

제논은 퍽이나 기지가 풍부한 사람이었던 모양이다. 그는 만년에 당시의 수학자들에게 네 가지 난해한 문제를 내어 그들을 당혹스럽게 하였다고 한다.

그 중 하나는 달리기 시합에 관한 문제였다. 제논은 말했다.

"두 경주자가 달릴 경우, 상대적으로 느린 주자가 조금이라도 먼저 출발했다면, 조금 뒤에 출발한 빠른 주자는 아무리 기를 쓰며 달려도 먼저 떠난 주자를 결코 따라잡을 수 없다. 그 까닭이 무엇일까?"

잠시 뒤 제논은 말을 이었다.

"느린 주자가 있는 지점까지 빠른 주자가 달려가 그를 따라잡으려 하였을 때, 느린 주자는 언제나 그 지점을 떠나 앞으로 더 전진해 있게 마련이다. 그러니까 느린 주자는 언제까지나 앞서 있게 마련이다."

제논의 역설

이 문제는 **아킬레스**와 거북이 벌인 상상적인 경주로 보다 이해하기 쉽게 변형되어 있다. 그리스 신화에 나오는 아킬레스는 지금까지 알려져 있는 바로는 가장 빨리 달리는 사람이라고 한다. ■ 거북은 두 말 할 것도 없이, 모든 동물 가운데서 가장 달리기가 느리다.

아킬레스(Achilleus)란?
그리스 신화에 나오는 영웅이며 호머의 시 일리아스의 주인공. 불사신이었으나 약점이었던 발뒤꿈치에 화살을 맞고 죽었다.

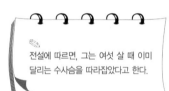

전설에 따르면, 그는 여섯 살 때 이미 달리는 수사슴을 따라잡았다고 한다.

아무튼 그 뒤로 1,000년 동안이나 이어지는 해묵은 문제가 이렇게 태어났다.

우선 아킬레스가 거북보다 10배나 빨리 달린다고 가정하자. 아킬레스가 거북보다 1,000m 뒤에서 출발했을 때 아킬레스는 언제 거북을 따라잡을 수 있을까? 이 논의는 이렇게 전개된다.

아킬레스가 1,000m를 달리는 동안에, 거북은 100m를 기어갈 것이다. 따라서 아킬레스가 1,000m를 달려서 거북의 출발 지점에 다다랐을 때, 거북은 그 동안에 100m를 기니까 100m 앞에 가 있을 것이다.

아킬레스가 다시 100m를 달려갔을 때, 거북은 그 동안 또 10m 앞에 가 있을 것이다.

아킬레스가 이 10m를 달렸을 때, 거북은 그 동안 1m를 기어, 거북은 아킬레스보다 1m 앞에 가 있을 것이다.

아킬레스가 이 1m를 달렸을 때, 거북은 또 10분의 1m만큼 앞에 있을 것이다.

아킬레스가 이 10분의 1m를 달렸을 때, 거북은 100분의 1m만큼 앞에 있을 것이다.

이렇게 한없이 이어져, 아킬레스는 결국 거북을 따라잡지 못한다.

"이 토론의 어디가 잘못되어 있단 말인가?" 하고, 제논은 물었다.

수학적으로는 확실히 아킬레스가 거북에게 점점 접근할 수 있을 뿐, 절대로 따라잡을 수가 없을 것으로 보인다. 계산해 보면, 어떤 때 아킬레스는 거북으로부터 1m 이내에 있게 될 것이며, 조금 뒤에는 이를테면 1,000만분의 1m 정도 뒤처져 있을 것이다. 그 차이는 얼마든지 작아진다. 비록 1m의 몇 만 분의 1이 되든, 몇억 분의 1이 되든 간에, 언제나 거북의 뒤에 있을 것이 틀림없다.

지난 2000년 동안, 이 문제에 관해 많은 논문이 쓰여지고 많은 수학적 해결 방법이 시사되어 왔다. 이 문제는 다른 목적을 위해서는 아무런 도움도 되지 못했을지라도, 일상의 문제를 수학의 연습 문제로 다룰 때는 언제나 신중을 기해서 다루지 않으면 안 된다는 교훈을 똑똑히 가르쳐 주고 있다.

수학자들은 처음에 이 경주가 1,000m의 경주, 다음에는 100m의 경주, 그 다음에는 10m의 경주……와 같이, 마치 무수히 많은 경주가 모여서 이루어져 있는 양 다루어 왔다. 결국 하나하나의 경주는 1,000m,

100m, 10m, 1m, 0.1m, 0.01m, 0.001m, 0.0001m, 0.00001m……와 같이 언제까지나 계속된다.

이들 거리는 무한히 작아짐을 알 수 있다. 그러므로 이 문제는 수학적으로 무한히 작은 수를 다루어야 한다. 예전에 이 문제를 설명하려다가 실패한 어느 독일 교수와 같은 전례는 피하는 편이 현명할 것이다.

그 교수는 여왕 폐하를 상대로 그 설명을 전개하였다.

여왕은 곧 그 어려운 설명에 싫증이 나 버려서, 자신은 **무한소**에 관하여 알아야 할 것은 낱낱이 알고 있다고 잘라 말하곤 설명을 중단시켰다. 여왕은 오랜 세월에 걸쳐 궁정의 신하니 정치가니 하는 자질구레한 사람들을 상대해 오지 않으면 안 되었기 때문이다.

> 무한소란?
> 수학에서, 극한값이 한없이 0에 가까워지는 변수.

여기서는 하나만 설명을 하기로 한다. 그것은 극히 작은 다수의 거리가 모여서 이 경주가 이루어진 것이 아니라, 끝까지 연속되어 있다는 사실이다.

아무튼 수학이나 통계의 문제를 다룰 때는 상식에 도움을 구하는 것이 가장 좋을 때가 가끔 있다. 상식적으로도 그렇지만 우리네 평소의 체험에 의하면, 빠른 주자가 순식간에 느린 주자를 뒤쫓아 따라잡고 그를 앞지르는 것을 알 수 있다.

정육면체의 배적 문제

 기하학의 문제가 처음으로 널리 이용된 곳은 이집트, 즉 나일 강에 접한 땅이었다고 일반적으로 알려져 있다. 나일 강은 홍수 때문에 자주 범람하여, 높은 지대에서 흘러내린 진흙탕이 삼각주 가까운 들판에 쌓였다. 그렇게 강이 범람하고 진흙이 들을 덮으면, 그 때까지 있었던 농지 등의 경계 표지가 없어져 버렸다. 그러므로 강이 범람할 때마다 이집트 인들은 물이 빠진 뒤에 농지의 경계선을 다시 쳐야 했다. 그 때문에 고대 이집트 인들은 직선으로 둘러싸인 농지를 어떻게 측량하고, 그 면적을 어떻게 측정하고 계산하는가를 배워야 했던 것이다.

 세월이 흐르는 동안, 철학자들은 직선과 그것으로 둘러싸인 도형이라든가, 곡선 또는 원 등에 대하여 매우 흥미를 갖게 되었다. 따라서 기하학의 연구는 실용적이면서도 이론적인 문제가 되어, 철학자들은 삼각자와 컴퍼스만을 사용하여 기하학적 방법으로 문제를 푸는 일에 큰 흥미를 품게 되었다.

 그 중에서 삼각자와 컴퍼스만을 사용해서는 결코 풀 수 없었던 문제 중의 하나가 있다. "주어진 정육면체의 정확히 2배가 되는 크기의 정육면체를 그려라." 하는 문제였다. 이것은 수학자들 간에 '정육면체의 배적 문제'로 알려져 있다.

 이 문제의 기원에 관해서는 여러 가지 설이 구구하다. 그 하나에 따르면, 전설에 나오는 크레타 섬의 미노스(Minos) 왕에게는 글라우코스 (Glaukos)라는 어린 아들이 있었다. 어떤 이야기에서는 글라우코스가 방 안에서 놀다가 그랬다고도 하고, 다른 이야기에서느 쥐를 쫓다가 그렇 게 된 것이라고도 한다. 아무튼 이 왕자가 큼직한 꿀 단지 속에 떨어져 서 질식하는 일이 벌어졌다. 왕은 점쟁이를 불러 무턱대고 살려 내라 는 분부를 내렸다. 만약에 살려 내지 못하면 왕자의 시체와 함께 산 채 로 그도 묻어 버릴 것이라고 명하였다.

점쟁이는 끝내 왕자를 살려 내지 못하고, 마침내 왕자와 더불어 묻 혀 버렸다. 그러나 기적적으로 무덤 속에서 왕자를 살려 낼 수가 있었 다. 왕자는 잠시 까무러쳐 있었던 것이다. 점쟁이는 왕자를 부왕에게 돌려주고, 자신도 사면되었다. 이야기는 미노스 왕이 이 사건을 계기 로 자기 자신의 죽음에 관해 생각하게 되었는지에 관해서는 언급이 없 다. 다만 전설에 따르면, 아들이 죽음에서 벗어나자 얼마 뒤, 그는 자 기 자신의 무덤을 만들도록 지시했다고 한다.

미노스 왕은 그 왕릉을 정육면체 모양으로 만들도록 명하였다. 그 어명대로 무덤이 완성되었다. 그러나 왕은 "이렇게 조그만 무덤이 제 왕의 무덤으로서 어울린다고 생각하는가."라며 불만스러워했다.

왕은 무덤의 크기를 지금의 2배로 하라고 명하였다. 국왕은 단순한 생각으로 2배의 크기를 명하였으나, 막상 건축가들이 부딪혀 보니 문 제는 여간 어려운 것이 아니었다.

지극히 단순한 생각으로 정육면체의 한 변의 길이를 2배로 하면 부피도 따라서 2배가 될 듯싶었으나, 실제로는 8배의 부피가 되어 왕이 명한 '2배 크기'가 되어 주지 않는다.

마침내 건축가들은 당시의 현인들을 찾아가서, 본래의 정육면체보다 정확히 2배 크기의 정육면체를 설계하는 방법을 물었으나, 현인들도 만족스런 해답을 낼 수 없었다.

그 뒤로, 이 문제를 삼각자와 컴퍼스만을 써서 풀려고 시도한 수학자는 모두 실패를 하였다.

아폴로 신탁의 숨은 뜻은

또다른 전설에 따르면, 정육면체의 배적 문제는 고대 그리스의 델포이라는 도시에서 시작되었다. 델포이의 신전은 아폴론(Appollon, 영어로는 Apollo)이라는 신에게 바쳐진 것이었다. 그리스 사람들은 그들의 많은 신들이 위대한 힘을 지녔고, 이 세상에 일어나는 거의 모든 일은 신들에 의해 지배된다고 믿었다. 특히 아폴론은 전염병을 보내어 인간에게 벌을 주는 힘을 지녔으며, 인간으로부터 그런 질병을 추방, 제거할 수도 있다고 믿었다.

어느 해에 맹렬한 전염병이 발생하여 무섭게 퍼졌다. 그리스 인들은 분명히 아폴론이 인간에게 노하여 벌로 전염병을 보낸 것으로 해석하였다. 그 결과, 지도자를 신전으로 보내어 전염병에서 구제해 달라고

기도하도록 하였다.

그리스의 여러 신은 각기 신전을 가지고 있고, 그 신전에는 저마다 '신관'이 신을 섬기며 시중을 들고 있었다. 신관은 다른 사람들을 대신하여 신에게 말씀을 올리고, 또 신의 명령을 전하였다. 신은 매우 고귀한 존재여서, 일반 사람들에게 직접 말을 건네리라고는 여겨지지 않았기 때문이다. 그렇게 신이 신관의 입을 통해 일반인들에게 전하는 말씀을 '신탁'이라고 한다.

이 전설에 따르면, 그리스의 지도자들은 델포이의 아폴론 신전으로 찾아갔다고 한다. 이 곳에도 신성한 여자 신관이 있었으므로 지도자들은 그녀로 하여금 신에게 전염병을 없애 달라고 부탁하게 하였다. 신관은 그 청대로 기도를 드렸고, 그녀는 그 결과인 신탁을 전했다. 아폴론은 그들에게 이르기를 "만일 그대들 인간이 현재의 제단과 형태는 똑같되, 크기는 2배인 제단을 만들어 바친다면 전염병을 다른 곳으로 보내겠다."는 것이었다.

현재의 제단은 정육면체 모양이었다. 그런데 정확히 그 2배 크기의 정육면체를 만드는 방법은 누구 하나도 아는 이가 없었다. 그렇다고 신탁을 거역할 수도 없는 노릇이니, 지도자들은 애가 타고 약이 오른 나머지, 그리스에서 으뜸 가는 현인 플라톤에게 의논하기로 하였다.

한 전설에 따르면 플라톤은 그들에게 이렇게 가르쳤다고 한다.

"아폴론은 그대들에게 기하학에서 최고의 재능이 요구되는 문제를 풀게 할 생각으로 그런 것은 아니다. 게다가 지금의 제단보다 꼭 2배

270

크기의 새로운 제단을 구태여 갖고 싶어서 그러는 것도 아니다. 신이 신탁을 통하여 전한 말씀의 참뜻은 사람들이 지금까지보다도 더욱더 기하학을 공부해 주기 바라는 데 있었던 것이다!"

국회 의원은
수학자가 아니었다

원 적 의   문 제

국 회 의 원 선 거 와 원 의 구 적

　　　　　새삼 말할 것도 없이 훌륭하신 국회 의원 선 생들에게 수학 시험이 주어지는 법은 없다. 그런데도 언젠가 영국의 하원에서는 산수 문제가 출제된 일이 있으며, 불과 극소수의 의원밖에 는 합격하지 못했다고 전해진다.

글래드스턴의 선거법 개정안

　1866년 3월, 재무장관 글래드스턴 (William Ewart Gladstone, 1809년~1898년)은 선 거법 개정안을 제의하였다. 그것은 후 세에 이르러서는 온건한 개정안으로 간주되었으나, 당시는 의회에 심각한 위기를 초래한 것이었다.

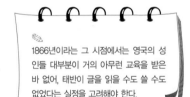

1866년이라는 그 시점에서는 영국의 성 인들 대부분이 거의 아무런 교육을 받은 바 없어, 태반이 글을 읽을 수도 쓸 수도 없었다는 실정을 고려해야 한다.

　그것도 그럴 것이, 몇십만 명이나 되는 시골뜨기들에게 선거권을 주 려는(의회 용어로는 '참정권의 확대') 기도였기 때문이다. ▪

　이것이 하원을 통과할 때, 논쟁이 집중된 문제 중 하나는 선거권을

'부끄럽지 않은 정도의 교육'을 받은 사람, 예컨대 간단한 받아쓰기 정도의 시험에 합격할 수 있는 사람에게만 줄 것인가 하는 점이었다.

이에 대하여 글래드스턴은 반대했다. 그 제안에 대한 부결을 주장하면서, 그는 자신이 어떠한 교육 시험에도 반대하는 이유에 대해 "노동 생활은 학교 교육에서 획득한 성과를 오래 유지하는 데 적합하지 않기 때문에, 사람들은 실제로는 그 자격을 상실하고 있음에도 불구하고, 훨씬 오래도록 참정권을 계속 가지고 있게 될는지도 모른다."라고 말하였다.

글래드스턴은 이어서 말했다.

"현재 우리의 선거 제도에는 어떠한 교육 시험도 들어 있지 않습니다. 우리의 제도가 기능을 발휘하기 위해 그와 같은 시험이 긴히 필요하다고는 아무도 생각지 않습니다. 만일 모든 계층의 선거인들에게 적용하여 각기 직업이 다른 사람들 간에 역겨운 차별을 일으키지 않아도 되는 간단한 시험을 고안할 수 있다면, 그와 같은 시험을 받아들이는 것이 아마 현명할지도 모른다. 짐작컨대 그런 종류의 시험에 가장 가까운 것으로는 선거인으로 하여금 자신의 성명을 서명하도록 하는 일입니다."

이에 대한 반론과 그 밖의 제안을 처리한 뒤, 그는 말을 이었다.

"도대체 받아쓰기란 무엇입니까? 그것은 극히 엄격한 시련이며, 손으로 하는 일이 아니라 서기 노릇을 지망하는 다수의 젊은이들조차 반드시 실수를 범할 정도로 어려운 일입니다. 그럼에도 불구하고 하원은 만족스런 받아쓰기 시험을 선거권 획득을 위한 조건으로 삼으라고 요구한단 말입니까."

논쟁은 계속되었다.

"빼기와 곱셈은 일단 젖혀 놓고, 나는 노동 계급의 몇 할 정도나 되는 사람이 금액의 나눗셈 시험에 합격할 수 있는지, 또는 이 하원 의원 가운데 몇 명이나 되는 사람들이 그런 시험에 합격할 수 있는지 알고 싶습니다. 가령, 여기에 1,330파운드 17실링 6펜스의 돈이 있다고 치고, 이것을 의원 여러분에게 2파운드 13실링 8펜스씩 나누어 준다고 하지요. 자, 몇 분이나 셈할 수 있습니까?"

그러자 헌트 의원이 답하였다.

"658명이오."

658명은 하원 의원의 수였다.

그러자 재무 장관이 말하였다.

"이 하원에서 그 셈을 할 수 있는 이는 3, 4명에 그치지 않을 것입니다. 하지만 나는 거침없이 3, 40명은 되지 못하리라고 말하고자 합니다. 더 나아가서, 이런 일을 할 수 있어야 할 필요는 없다고 단언합니다. 그런 계산은 못 해도 이 하원은 훌륭한 의원노릇을 할 수 있을 것입니다."

로버트 몬타규(Robert Montague) 경이 웃으며 말했다.

"여보시오, 2파운드 13실링 8펜스로는 나눌 수 없소."

그러자 다시 재무 장관이 답하였다.

"한 가지 실례는 천 가지 논의를 능가합니다. 경은 하원에서 가장 전도가 유망한 재정 문제 전문가이신데, 우리에게 금액의 나눗셈은 할 수 있는 것이 아님을 분명히 말씀하셨습니다."

뒷날에 이르러 몬타규 경은 의사록(議事錄) 속에서 자신이 발언한 야유의 의미를 다음과 같이 보충하고 있다.

저 장관 각하가 시사한 나눗셈에 관해서 말하자면, 금액을 나누어 갖는 것은 분명히 가능한 일이지만, 금액을 금액으로 나눌 수는 없다. 어떻게 금액을 2파운드 13실링 8펜스로 나눌 수 있단 말인가? 이 문제는 "1파운드 속에 2실링이 몇이 들어가는가?"라는 형식으로는 출제할 수 있을 것이다. 그러나 이것을 금액으로 나눌 수는 없다. 20을 2로 나눌 뿐이다.

그는 "1파운드 속에 6실링 8펜스가 몇 개 들어가는가?"라는 형식의 문제로 했으면 좋았을지도 모른다. 그러나 이것은 240을 80으로 나누는 것에 지나지 않는다.

로버트 몬타규 경의 말에 따르면, 금액을 금액으로 나눌 수는 없다. 그것은 수로 나눌 수 있을 뿐인 것이다.

(원적의 문제)

앞장에서는 고대 그리스 사람들을 당혹스럽게 한 문제를 두 가지 소개했는데, 그 밖에 또 하나가 있다. 그것은 원을 정사각형으로 바꾸어 그리는 문제다.

수학자들은 이것을 '원적(圓積)의 문제'로 부른다. 다시 말하면, 주어진 원과 정확히 똑같은 면적을 지니는 정사각형을 그리라는 문제였다.

바로 이 문제를 풀기 위해 고대의 그리스 사람들은 참으로 끙끙거리며 머리를 짜 내었고, 더 내려와서 근대의 사람들도 많은 노력을 기울였다. 그러나 삼각자와 컴퍼스만을 사용하는 한은 어느 누구도 성공하지 못한 것이었다.

곁들여 말하자면, 삼각자와 컴퍼스 외에는 사용하지 않는다는 똑같은 제한 아래서, 주어진 원의 둘레(원주)와 똑같은 길이를 갖는 선분을 긋는 일 또한 어느 누구도 성공한 바가 없다.

오늘날에 이르러서 수학자는 원 둘레의 길이를 '$2\pi r$'이라는 기호로 나타낸다. 여기서 'r'은 그 원의 반지름이며, 'π'는 모든 원에 공통되는 하나의 수를 나타내되 보통은 그 값을 '3.14'로 하고 있다.

그러나 그 정확한 값은 아직까지 발견되지 못했다. 어느 수학자는 그 값을 소수점 이하 30자리 이상까지 계산하였다. 소수점 아래에 숫자가 30개 이상이나 붙은 그의 π 값은 그의 공적을 나타내기 위해 무덤

돌에 새겨 넣어졌다. 그 밖의 수학자도 같은 계산을 하였다.

오늘날에 와서는 π의 값을 소수점 이하 700자리 또는 그 이상까지 알 수 있게 되었다. 그러나 설사 소수점 이하 2,000자리까지의 숫자를 알 수 있다손 치더라도, 그것 또한 진정 정확한 π의 값은 아니다. 따라서 정확한 그 값은 아무도 규명할 수 없는 것이다.

국회 의원 선거와 원의 구적

원의 넓이 문제에 관해서는 재미있는 이야기가 있다. 그 이야기는 예로부터 수학 교육에서 유명한 대학인 케임브리지 대학교에서 일어난 일이었다.

미리 말해 둘 일은, 수학자들이 자기들끼리만 통하는 술어(術語)로 원을 정사각형으로 고쳐 그리는 것을 '원의 구적(求積)'이라고 한다는 점이다.

이 이야기에는 또 하나의 수학 문제가 등장한다. 대개의 독자는 찻잔에 넣은 물의 표면에 둥글게 구부러진 빛의 줄이 드리워져 있는 현상을 목격했을 것이다.

이 곡선은 찻잔의 둥그런 내면에서 광선이 반사한 때문에 된 것으로 '초선'이라고 불린다. 초선을 수학적으로 연구하는 것은 매우 어렵다.

이야기는 다음과 같이 진행된다.

헨리 골번(Henry Goulburn)은 케임브리지 대학교의 트리니티 칼리지를 졸업한 뒤 국회 의원이 되었고, 1826년에는 재무 장관에 임명되었다. 5년 뒤, 그는 케임브리지 대학에서 선출되는 국회 의원의 후보자로 출마하였다. 당시 케임브리지는 하원에 2명의 의원을 보내고 있었다.

한편 고르번은 몇 해 전에 재무 장관의 입장에서 천문학회의 대표단에게 "이 나라의 모든 과학 문제 따위에는 전혀 괘념하지 않는다."고 말하여, 일부 수학자들의 분노를 산 바 있었다.

어쨌거나 선거는 1831년 5월에 실시되어, 휘그당 소속인 팔마스턴(Palmerston) 경 및 캐번디시(Cavendish)와 토리당 소속인 헨리 골번 및 필(W.J. Peel)이 입후보하여 경쟁이 벌어졌다. 유권자들의 흥분은 크게 고조되었다. 그 시절에도 선거라는 것은 사람들의 가슴을 자극하는 사건이었던 것이다.

5월 초순의 어느 날 밤 늦게, 한 대의 마차가 몹시 서둘러 대며 〈모닝 포스트〉 신문사를 찾아들었다. 이 일간 신문은 토리당을 지지한다고 노골적으로 편을 드는 신문이었다. 마차에서는 한 사나이가 내리더니, 골번 씨의 선거 사무소에서 왔다면서 한 장의 광고문을 건네주었다. 아울러 그는 내일 조간 신문 50부를 골번 의원의 방으로 보내 달라고 주문하고는 돌아갔다.

이튿날 5월 4일, 〈모닝 포스트〉 신문에는 다음과 같은 기사가 실려 있었다.

대중과 관계 없는 사정으로 말미암은 일이기는 하지만, 우리는 골번 씨가 대학의 영예를 대표하는 후보자가 되기를 사퇴한 것으로 안다. 그의 과학적 업적은 사소한 것이 아니다.

그는 왕립 학회 회보에 실린 원호(圓弧)의 구적에 관한 에세이와 달의 초선—항해 천문학에서 매우 유용할 것으로 여겨지는 문제—의 방정식에 대한 연구를 저술한 사람으로 유명하다.

이는 주의 깊게 읽으면 '과학적 업적에 대하여 대학이 주는 상을 사퇴한다.'는 뜻이지만, 두말할 것도 없이 '대학에서 나오는 국회 의원 입후보를 사퇴한다.'는 의미로 속단하게끔 읽히기를 노린 문장이었다.

이 기사가 출현한 탓에, 대학의 수학 교수들—적어도 휘그당을 지지하는 교수들은 선거의 결과를 낙관하게 되었는데, 이 기사가 분명히 골번 씨의 운에 나쁜 영향을 주지는 않았다. 그는 보기 좋게 당선했기 때문이다. 그러나 머지않아 이 광고도 대학인들을 골려 준 갖가지 거짓말의 역사 속에서 어엿한 지위를 차지하게 되었다.

그것은 정녕코 걸작이었다. 그 말 중에는 진짜로 받아들여져도 되는 사항이 꽤나 있었기 때문이다. 어느 누구든 간에 원의 구적 문제를 풀었다면, 가능한 최고의 대학 상이 주어졌으리라는 데에는 의심의 여지가 없다.

더구나 왕립 학회가 발행하는 기관지 《철학 회보》는 수학적 또는 과학적으로 최고의 가치가 있는 에세이 밖에는 싣지 않으니, 이야기는 더욱 야릇해진다.

어쨌든 이 광고는 너무도 교묘히 씌어졌다. 〈모닝 포스트〉지의 편집 장이 마감을 불과 1분 앞두고 건네받은 광고 문안을 허둥지둥 읽을 때, '원호의 구적'이라는 말에 의문을 일으키지 않은 것도 당연하다.

왜냐하면, 이런 말은 좀처럼 쓰이는 것이 아니며, 만약에 가짜 문서 의 필자가 습관대로 무심히 '원의 구적'이라는 낱말을 썼더라면 편집 장은 틀림없이 이것을 사기 행위로 꿰뚫어 보았을 것이다.

'달의 초선'이라는 말도 교묘하게 골라 쓴 것이었다. 영어로 '달 (moon)의'라는 말에는 '미치광이의'라는 뜻도 있다. 이 경우는 물론 천 체의 달을 가리키고 있으니, 누군가 뛰어난 수학자가 달에 관계된 무 엇인가를 연구했다는 사실은 능히 있을 수 있는 일이었기 때문이다.

그러나 케임브리지의 수학자와 과학 자들은 이 '달의 초선'을 보고는 모두들 실실 웃으며 빈정거렸다. 그들도 나름대 로 '초선'을 연구하고 있었으나, '달의 초선'이란 '질산은'이라는 물질의 별명 이었던 것이다. ■

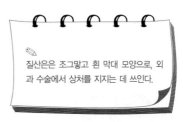
질산은은 조그맣고 흰 막대 모양으로, 외 과 수술에서 상처를 지지는 데 쓰인다.

이 장난의 범인으로 여겨지는 인물은 유명한 수학 교수인 찰스 버비 지(Charles Babbage: 계산기 연구의 선구자)였다. 그는 유명한 저서 《변천》속에 서 이 장난을 회상하며 다음과 같이 적고 있다.

매우 무해하면서도 짓궂은 장난질이 생각난다. 그것은 어느 쪽 당파에 게도 똑같이 재미를 주는 것으로 믿어지거니와, 훗날 캐번디시 씨의 선거 사무소에서 기획했던 것으로 들었다.

그는 그 뒤의 경위를 미주알고주알 설명하고 있는데, 또 하나의 케임브리지 대학 수학자는 이렇게 적고 있다.

나는 마차가 어쨌고 신문을 몇 부 배달해 달라는 등 모든 경위를 낱낱이 알고 있는 그 사람이야말로, 아직도 밝혀지지 않은 많은 것을 알고 있으리라 믿는다. 그런 인물은 달리 더는 있을 수 없기 때문이다.

이 뜻은 물론 버비지 교수야말로 그 장난질의 원흉이라고 믿고 있다는 뜻이다.

골번은 이미 언급한 바와 같이 선거에서 당선하여 그 뒤로 죽을 때까지 의회에서 케임브리지 대학교를 대표했다. 1830년대의 의회 선거는 어느 누구에게나 자유 경쟁이어서, 무슨 짓을 해서라도 당선만 되면 괜찮았다. 오늘날 같으면 이렇게 남을 골려 주는 장난질을 한 범인은 극히 무거운 형벌을 받게 될지도 모른다.

세컨드 랭글러(Second Wrangler) 란?
두 번째 말다툼꾼, 논쟁자.
트리퍼스(tripos) 란?
우등 시험 트리퍼스는 대학에서
'배첼러 오브 아츠(Bachelor of Arts: 문학사)' 의
학위를 얻기 위한 최종 시험이다.

이 에피소드에는 참으로 재미있는 부록이 붙어 있다. 이런 장난이 있은 지 4년 뒤에 골번의 아들이 '세컨드 랭글러'라는 칭호를 받았다는 사실이다. 이것은 케임브리지 대학교의 수학 **트리퍼스**에 합격한 재학생 가운데서 2등을 차지한 사람에게 주어지는 칭호다. ■

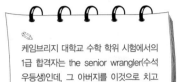

케임브리지 대학교 수학 학위 시험에서의 1급 합격자는 the senior wrangler(수석 우등생)인데, 그 아버지를 이것으로 치고 그 아들은 그 뒤를 이었다는 익살이 함축되어 있다.

찰 스 2세, 과 학 자 들 을 골 려 주 다

과학자는 주의 깊어야 한다

왕 립 학 회 가 희 롱 당 하 다

영국의 국왕 찰스 2세는 과학에 매우 흥미를 갖고, 특히 항해와 관련된 실험을 즐겼다. 그는 항해에 관하여 매우 정확한 지식을 가지고 있었으며, 어떤 종류의 나무가 물에서 가장 조금밖에 가라앉지 않고 뜨는가, 또는 물을 가르고 나아감에는 어떤 형체가 적합한가 등의 문제를 구명하는 데 비상한 주의를 기울였다. 국왕이 이토록 뜨는 물체에 관해서 흥미를 지녔다는 점에 아래 이야기의 초점이 있다.

(찰스 2세, 과학자들을 골려 주다)

어느 날, 왕립 학회의 회원들이 모임을 가졌을 때 찰스는 이런 문제를 냈다.

"물이 든 그릇의 무게를 재어 본 뒤, 살아 있는 물고기를 넣고 다시 재어 보면 두 무게가 똑같다. 그러나 물이 든 그릇을 재어 본 뒤 죽은 물고기를 넣어 다시 재면, 그 무게는 죽은 물고기의 무게만큼 늘어난다. 이것은 왜 그런가."

왕립 학회 회원의 대부분은 아르키메데스가 왕관의 진짜 여부를 확인한 이야기(제1장 참조)를 알고 있었다. 또 물 속에 가라앉은 고체는 공기 중에 있을 때보다도 무게가 가벼워진다는 사실도 알고 있었다. 그러면서도 왕의 질문에는 누구 하나 즉시 대답할 수 없었다.

문제를 낸 것이 국왕이니 대답을 하긴 해야 했다. 만일 대답을 하지 못한다면, 그야말로 왕립 학회의 위신이 떨어질 것이 분명했다. 이래서 아르키메데스의 저서를 비롯하여 여러 과학자의 저서가 검토되고 장시간에 걸친 토론이 계속 되었다. 어찌 보면 전대미문이랄 수 있는 이 진기한 문제를 설명하기 위해 숱한 이유가 제출되었으나, 어느 하나도 납득이 갈 만한 것이라고는 없었다.

퍼이나 오랜 시간을 소비해 가며 이 문제를 토론한 뒤, 회원 하나가 초등 학교에서 배운 법칙을 생각해 냈다.

"어떤 일이 왜 일어났는가를 토론하기에 앞서, 먼저 그런 일이 실제로 일어나는가를 확인하라."

이리하여 그 회원은 대담하게도 그릇 속의 산 물고기와 죽은 물고기 사이에 왜 무게의 차이가 나는가를 생각하기 전에, 과연 그런 차이가 있는지를 구명해야 된다고 의견을 제시했다.

이와 같은 용기 있는 제안에 대하여, 그 자리에 모인 과학자와 궁정의 신하들은 거들떠보려고도 하지 않았다. 그들로서는 국왕의 분부를 의심하다니, 생각만 해도 몸이 오싹해질 지경이었다. 국왕이 잘못을 범할 리는 만무하지 않은가.

어느 회원은 "국왕 폐하의 말씀에 의심을 품는 것만으로도 반역 행위인데, 국왕이 잘못된 주장을 폈다고 공언하다니 이 얼마나 가공할 일인가." 하며 펄쩍 뛰었다. 다른 사람들은 "국왕의 말씀은 완전히 올바르다. 그것은 훨씬 오래 전부터 분명한 사실이었다. 살아 있는 물고기를 집어넣었을 때는 무게가 늘지 않지만, 죽은 물고기를 넣으면 무게가 불어난다는 것은 틀림없는 사실이란 말이다."라고 악을 쓰다시피 하였다.

아무런 성과도 없는 토론이 거듭 이어졌다. 그런 뒤에 다시 문제에 이의를 제기한 회원이 실지로 어떤 일이 벌어질지 우리 눈으로 직접 보자고 제안하였다. 일동은 간신히 그의 제안을 받아들이기로 하였다.

먼저 물이 든 대야를 가져오게 하고, 그 무게를 재었다. 이어서 살아 있는 물고기를 집어넣고, 일동이 숨을 죽이고 지켜보는 가운데 그 무게가 재어졌다. 무게는 대야와 물만의 경우보다 늘어 있었다.

다음에는 살아 있는 물고기를 꺼내서 내버려 두고 죽게 했다. 이것을 다시 대야에 넣고 무게를 재었다. 무게는 살아 있는 물고기를 넣었을 때와 정확히 일치했다. 이로써 결론은 분명해졌다. 비로소 그들은 '유쾌한 명군'으로 애칭되는 찰스가 이렇게 또 한바탕 장난기를 부린 것이었다고 뒤늦게 깨닫게 된 것이다.

이 이야기는 재미있을 뿐더러, 모든 사람들이 외워 둘 만한 교훈을 내포하고 있다. 그러나 어쩌면 이것은 지어 낸 말인지도 모른다. 이 사건에 관한 기록은 신뢰할 수 있는 왕립 학회의 역사 가운데 어디에서도 찾아볼 수 없기 때문이다. 국왕에 얽힌 일화가 실제로 있었다면, 틀림없이 기록되었을 테니 말이다.

왕립 학회가 희롱당하다

한편, 역사에 의하면 왕립 학회가 한때 모멸의 대상이 되었다는 사실과 더욱이 회원 가입이 거부된 한 사나이로부터 혹독한 공격을 받은 사실이 기록되어 있다. 그는 앙갚음으로 왕립 학회에 대한 갖은 바보

스러운 이야기를 지어 내어 퍼뜨렸다. 진실이라고는 하나도 없는 엉터리 조작이었다. 그 이야기 가운데 매우 재미있는 것 중의 하나는, '타르 수(Tar 水)'를 가리켜 '혈액을 질서 있는 상태로 유지하는 약'이라고 추천 권장한 당시의 어느 출판물을 소재로 삼고 있다.

언젠가의 모임에서 왕립 학회는 포츠머스에서 부쳐 온 편지 한 통을 받았다. 그 편지에는 이렇게 적혀 있었다.

어느 뱃사람이 돛대 꼭대기에서 떨어져 다리가 부러졌는데, 붕대로 감고 거기에 타르 수를 흠뻑 적셨더니 사흘 만에 걸을 수 있게 되었습니다.

이 편지를 둘러싸고 왕립 학회가 장시간에 걸쳐 진지한 토론을 벌이고 있을 때 방문이 열리고, 또 한 통의 편지가 배달되었다. 그 편지를 뜯어 보았더니 이렇게 적혀 있었다.

첫째 편지에 깜빡 잊고 안 쓴 것이 있습니다. 그 뱃사람의 다리는 의족이었답니다.

찰스의 살아 있는 물고기와 죽은 물고기의 이야기도 이와 비슷한 것으로, 어쩌면 같은 인물이 창작한 것인지도 모른다. 왕립 학회를 놀려 댄 듯한 인상이 너무나 흡사하기 때문이다.

그런 반면, 물고기 이야기는 별개의 형태로 시작되었을 가능성도 없지 않다. 흔히 있는 일이지만, 이와 매우 닮은 이야기가 예전에, 구체적으로 말하면 1660년에 사람들의 입에 올라 있었다.

그 이야기에 따르면, 프랑스 왕 루이 13세가 왕궁의 신하들에게, "물을 가득 채운 어항에 살아 있는 물고기를 넣으면 물이 조금 넘쳐 흘러나오지만, 죽은 물고기를 넣으면 조금도 물이 넘치지 않는데, 이것이 웬일인지 알고 있소? 어디 한번 생각해 보시오."라고 일렀다 한다.

신하들은 머리를 갸웃거리며 궁리해 보았으나, 도무지 그 해답을 알 수가 없었다. 마침내 그들은 정원사를 불러 어항과 살아 있는 물고기를 가져오게 했다. 먼저 어항에 가득 물을 채워 놓고 거기에 살아 있는 물고기를 집어넣었다. 물이 조금 넘쳐흘렀다. 다음에는 물고기를 꺼내어 죽인 다음, 다시 물을 가득 채운 어항에다 집어넣어 보았다. 궁정의 신하들은 역시 넘쳐흐르는 물을 볼 수 있었다.

찰스 2세에 관한 이 이야기에는 또 하나의 형태가 있다. 그에 따르면, 과학자들이 토론에 지쳤을 때, 그 가운데의 한 학자가 대담하게도, "국왕 폐하의 말씀은 잘못이오. 토론의 필요는 없소."라고 하였단다. 그러자 국왕은 매우 기뻐하며 이렇게 외쳤다는 것이다.

"언 오드 퀴어 피시, 그대는 옳다." ■

"An odd queer fish."에는 글자 그대로 '기묘한 물고기'라는 뜻 외에 '귀여운 녀석', '이상한 놈'이라는 뜻도 있다.

쉽다. 그리고 너무너무 재미있다. 추리 소설이나 연애 소설만이 재미있다는 통설을 이 책은 한꺼번에 뒤집는다. 과학이라면 왠지 딱딱하고 어려운 것이라는 우리의 편견이 얼마나 잘못된 것인지를, 실험이나 화학 공식만이 과학의 전부일 거라는 우리의 왜곡된 상식을 《청소년을 위한 케임브리지 과학사》는 바로잡아 준다.

"그래도 지구는 돈다." 늙은 갈릴레이가 종교 재판을 받은 뒤에 중얼거렸다는 이 유명한 말에 숨은 일화, 만유인력을 발견한 뉴턴의 사과나무 이야기는 정사(正史)가 아니라는 사실, 그 밖에 실험실에서 있었던 일화, 인류 역사를 바꾼 뜻밖의 발견들……. 그 모든 과학의 역사에 숨겨진 뒷얘기들을 이 책은 담고 있다.

그러나 재미만 있는 책은 아니다. 종교 개혁의 선구자였던 루터나 칼뱅이 지동설의 맹렬한 공격자였다는 이야기와 원자 폭탄을 둘러싼 이야기를 통해 과학의 역사가 단지 찬사와 축복만으로 이루어진 것이 아니라, 무지와 권력과 보수적 질서와의 완강한 싸움을 통해 스스로의 미래를 열어 온 것임을 가르쳐 준다. 그리고 진리에의 갈증을 풀기 위하여 일생을 연구에 몰두하는 과학자들의 삶과 신념을 통해 올바른 인생에 대한 교훈을 일깨워 준다.

이 책은 교과서에 나오지 않는 이야기를 통해서 교실 밖의 진지한 과학 교사가 되어 주고, 과학 공부에 싫증을 내는 학생들에게 학습 의욕을 북돋워 준다. 과학사에 있어서 중요한 일화나 유명한 말을 설명할 때, 실제로 그런 일이 그 당시 어떤 사회적 상황에서 일어난 일인지, 정확한 진상은 무엇인지, 만약 허황된 와전이라면 그 경위는 어떠한 것인지 정확하게 설명해 준다. 과학·기술사의 오류를 수정하여 진실을 복원시켜 낸 것은 지은이의 노력과 희생이 있었기에 가능한 것이었다.

그렇기에 이 책은 누구나 읽어도 좋다. 과학 과목에 흥미를 잃은 학생, 학부모, 또 지은이와 같이 수업 내용을 풍부히 하고 싶어 하는 교사, 과학 기술직에 종사하고 있는 직장인, 그리고 삶의 질을 풍부히

하고 폭넓은 교양을 얻고자 하는 일반인, 그 어느 누구에게라도 권하고 싶은 책이다. 특히 청소년을 위한 과학서로서 적극적으로 추천하고 싶다.

이 책을 번역하게 된 동기도 과학 교육과 보급의 현장에서 이보다도 더 절실한 책은 없을 거라는 생각에서였다. 과학의 지평을 넓히는 데 이보다 더 적절한 책은 아직 발견하지 못했기에 더더욱 보람을 느낀다. 옮기는 데도 특별한 어려움은 없었다. 그리고 독자들의 이해를 높이기 위해 가급적 쉬운 용어로 풀어 쓰고 또 설명이나 주(註)도 성실히 달았다.

끝으로 이 책을 출판하는 데 힘을 실어 주신 출판사 관계자 여러분의 노고에 심심한 고마움을 전한다.

조경철